最新 C 程式語言教學範本
（第九版）（附範例光碟）

蔡明志　編著

U0068849

 全華圖書股份有限公司　印行

本書範例檔案可以下列三種方式下載：

方法 1：掃描 QR Code

方法 2：連結網址 https://tinyurl.com/37czpxkf

方法 3：請至全華圖書 OpenTech 網路書店（網址 https://www.ope
ntech.com.tw），在「我要找書」欄位中搜尋本書，進入
書籍頁面後點選「課本程式碼範例」，即可下載範例檔案。

序言

　　寫過許多 C 語言的相關書籍，也曾翻譯不少國外的作品，深深覺得原文書固然有其可取之處，例如資料的完整性與詳盡性，這些往往是最佳的參考工具；但是對於初學電腦程式語言的讀者而言，實在是太過於冗長或繁瑣的陳述。最重要的一點是，往往一本好的原文書，譯出的內容卻不敢領教，也許譯者的中英文功力不夠，或對此領域不甚了解吧！有鑑於此，筆者將多年來的教學經驗，以淺顯易懂的文句，將 C 的精髓展現出來。本書的設計是針對 C 語言的初學者，不論您是否有無學過其它的程式語言，皆可以很快且愉快的獲得程式設計的觀念。由於筆者了解原文書的不當之處，所以本書在設計時即抱持著「簡單易懂」的理念，盼望能夠儘速引導讀者進入 C 語言的世界。

　　當然想要學會 C 程式語言的讀者，不二法門就是勤於上機，多多跟編譯程式 (compiler) 交談，方能得到更多的寶藏。因此，本書每一章皆有上機練習、程式實作與除錯題，希望讀者能確確實實的自己完成，以利往後相關課程的認證考試。附錄 A 是 Dev-C++ 編譯程式之使用說明。

　　本書的所有範例，皆以 ANSI C 的語法加以撰寫的，因此適用於任何編譯程式。最後，筆者才疏學淺，盼各位先進批評與指教。

蔡明志

mjtsai168@gmail.com

目錄

⁘ 第3章　格式化輸入輸出

⁘ 第4章　運算子

⁙ 第5章　選擇敘述

⁙ 第6章　迴圈

∴ 第12章　檔案

∴ 第13章　個案研究

∴ 附錄

01

C 程式概觀

從現在開始，我們將要正式進入 C 語言的世界。也許您曾經寫過 BASIC 或 Pascal 之類的程式設計語言，這些經驗對您學習 C 語言有著極大的幫助；假使 C 語言是您接觸的第一種程式語言，那也不用擔心，在沒有任何包袱或成見下，經由本書詳細的介紹，相信 C 語言必將成為您的最愛。

1.1　C 程式語言

　　程式是個什麼玩意兒？ C 程式看起來又像什麼樣子呢？簡單來說，程式 (program) 是一群可讓電腦做出有意義動作的命令；而程式語言 (programming language) 則能讓我們 (指人類) 更容易與電腦溝通。

　　經過幾十年來資訊科學的發展，數百種的程式語言紛紛設計完成，它們各有不同的目標與優點：譬如為人熟知的 BASIC 即適合於電腦的初學者；FORTRAN 對於工程或數值上的運算特別有效率；Pascal 則多用於教學之用；其他如 Lisp、COBOL、Assembly language... 等等，都擁有其一席之地。

　　至於本書所探索的 C 語言，則是一種強有力而且專業化的程式設計工具，現今已受到廣大業餘和專業設計者的歡迎。市面上發行的多數大型軟體均由 C 語言寫成，而愈形重要的 UNIX 作業系統本身幾乎都是 C 語言所架構而成。

　　C 語言乃於 1972 年由貝爾實驗室的 Dennis Ritchie 所創造，其最主要的目標即在提供專業設計師一種良好的工具，根據 C 語言的實作理念，它的確達成了許多特色：

1. **控制結構：**

   C 語言的程式流程控制結構使得電腦科學理論及實務上的要求得以實現；諸如結構化程式 (Structure Programming)、由上而下設計法則 (Top-down design)、以及模組化 (Modular) 等等，這些原則將因 C 語言而更形自然。

2. **效率良好：**

   C 是種十分簡潔的語言，它能充分利用現代電腦能力上的諸多功能，譬如近似組合語言 (Assembly language) 的控制指令，而且還能充分掌握記憶體 (Memory) 的相關資訊。C 語言的簡潔也相對使得執行結果更有效率。

3. **可攜性：**

   所謂可攜性就是指在某種系統上開發的程式僅需少數的修改，甚至原封不動便能於另外一種系統上執行。可攜性愈高將可使程式開發的成本大為降低，C 語言在這個方面一向居於領導地位，由於設計上的得當，使得 C 程式極容易於各系統間移植。

也許上述優點尚且無法打動您，但是愈來愈多使用者以 C 語言作為「母語」的趨勢看來，您必定不忍自絕於潮流之外。

當然了，優缺點常是一件事情的兩面，例如 C 語言的簡潔常常導致程式不易理解，或是造成模稜兩可的局面；再者，許多足以接觸電腦核心的「低階」特色，將使程式的追蹤與偵錯更為困難。克服的方式就是徹底了解 C 語言的語法與語意，並且經過不斷的嘗試和錯誤，才能更自信地掌握它。

1.2　C 程式範例

在這一節裡，我們首先要撰寫一個 C 程式範例，對於程式的寫法可以不必在意，您也不用去了解，因為這些細節將於後面的章節中陸續提及；這裡僅先對 C 程式架構做一個簡單的剖析，我們的程式是這樣的：

```
1   /* ch1 overview.c */
2   #include <stdio.h>
3   #define MAX 100
4   double average(int);
5
6   int main()
7   {
8       int i, total;
9       double aver;
10      total = 0;
11
12      for(i=1; i<=MAX; i++) {
13          total += i;
14      }
15      aver = average(total);
16      printf("The sum of 1+2+...+99+100 is %d.\n", total);
17      printf("Average is %f.\n", aver);
18      return 0;
19  }
20
21  double average(int value)
22  {
23      return (double)value/MAX;
24  }
```

　　程式 overview.c 中可以看到很奇怪的 #include、#define 等指令，也發覺程式中充滿著 ( )、{ } 等大小括弧，還有特殊的數學符號 ++、+= 等等；不要擔心，我們不打算馬上介紹它們，但是在您的心中應該對 C 程式有了一個簡單的概念。

　　基本上，一個典型的 C 程式是由幾個主要部分組成，包括前端處理程式的指令 (Preprocessor directive)、函式 (函數) 原型宣告、main( ) 主程式、主程式中的敘述、其他函式 (function) 定義與主體等等。我們以底下的圖 1-1 來做一說明：

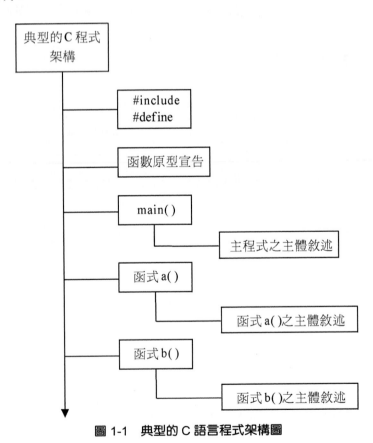

圖 1-1　典型的 C 語言程式架構圖

我們可以把程式 overview.c 中的敘述一一與上圖對照：

```
#include <stdio.h>   ⎫
#define MAX 100       ⎬ 前端處理程式的指令
double average(int);  ──→ 函式原型宣告
int main( )           ───→ C 語言主程式，程式進入點
{
    .  ⎫
    .  ⎬ 主體敘述部分
    .  ⎭
}
```

C 語言的敘述共有五種，如圖 1-2 所示：

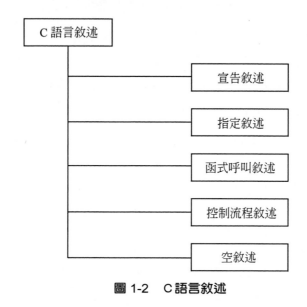

圖 1-2　C 語言敘述

其中宣告敘述一定在程式的前面，其餘的敘述就不管其順序，而依題目來撰寫。

主程式 main( ) 中由左、右大括弧 ({、}) 包圍起來的部分都是 main( ) 函式主體的敘述，根據上圖它們分別為：

```
┌─── int main( )
│    {
│        int i, total;   ┐
│        double aver;    ┘ 宣告敘述
│
主│       total = 0;  指定敘述
程│       for (i=1; i<=MAX; i++) {
式│
本│           .                      ┐
體│           .                      │ 控制流程敘述
│           .                      ┘
│        }
│        printf(". . .");
│        aver = average(total); 函式呼叫敘述
│        printf(". . .")
│        return 0;
└───    }
```

位於主程式 main( ) 上方的 double average(int)；則是函式原型宣告的一例，它指出有個函式 average( ) 乃為自行定義，這個函式的定義即位於 main( ) 主程式的下方：

```
double average(int value) 函式定義
{
    return((double) value / MAX);   ┐ 函式主體
}                                    ┘
```

雖然對程式的細節部分仍不了解，但是從字面上的猜測，不難看出整個程式的真正意圖；這個程式所做的計算是從 1 加到 100 的總和，然後再求出其平均值，我們來看看執行結果：

```
The sum of 1+2+...+99+100 is 5050.
Its average is 50.500000.
```

果然如此，答案也十分正確。相信您對電腦的運算能力已有了一點信心，接下來的工作就是了解程式的每一條敘述；不要急，我們會從最簡單的部分開始。

也許前一個範例尚不足以展現 C 語言的威力，但是只要按部就班學習下去，C 語言就能為您所掌握。

1.3　從一個簡單的範例談起

從範例程式 overview.c 中，已可大略看到 C 程式的結構與風格；而在這一節裡，我們將以一個相當淺顯的例子來詳細解說每個敘述的意義，並請讀者配合附錄 A 的 Dev-C++ 編譯程式操作說明，實際地去執行一下。

程式的內容如下：

```
1   /* ch1 first.c */
2   #include <stdio.h>          /* header file */
3
4   int main()                  /* main() function */
5   {
6       printf("Hello, ");      /* function statement */
7       printf("world.\n");
8       printf("C is fun, so learning C now.\n");
9       return 0;
10  }
```

程式十分簡單，其中只有主程式 main( ) 單一個函式，而我們所利用的敘述命令也僅有 printf( ) 如此單純的函式呼叫；顧名思義，這個函式可於螢幕上印出許多訊息。

接下來我們將一一解說每列的功用：

◆ /*...*/ 註解

就如第一例所出現的 /* ch1 first.c */ 以及散落程式之間的類似部分，都是屬於 C 程式的註解 (comment)。在 C 程式檔案中，凡是位於 /* 和 */ 之間的所有內容都是註解，它們會被編譯程式忽略；註解的目的是在補充程式的意圖，以便日後自己或他人能正確而方便地理解程式。不論是初學或是專業的程式設計者，都應該養成使用註解的習慣。也可以使用 // ch1 first.c。// 只對一行有效，若註解有多行時，則每一行之首皆需加上 //。

◆ #include <stdio.h>

這一條並非 C 語言的命令，而是屬於 C 語言前置處理程式 (preprocessor) 所管理的指令 (directive)，前一節程式中的 #define 也是這類指令，詳細的內容將於後面章節中討論。簡單地說，這條指令的目的就是於該處引進 (include) 檔案 stdio.h 的全部內容，其結果正如同我們於該處鍵入 stdio.h 檔案內容一般。

檔案 stdio.h 乃系統所附的檔案，這類檔案泛稱爲標頭檔 (header file)，由其附加檔案 .h 即可看出它的意義。stdio.h 的實際意義爲標準輸入輸出標頭檔 (standard input/output header file)，檔案中定義了許多重要的常數 (constant) 以及函式原型宣告 (function prototype declaration) 或語法 (syntax) 的宣告，譬如程式中使用到的 printf( ) 函式的語法，是放在 stdio.h 的標頭檔裏，而 system() 庫存函式的語法則放在 stdlib.h 標頭檔中。

系統所提供的函式則稱爲庫存函式 (library function)，如 printf() 和 system()，往後您會看到更多。當我們在程式有使用庫存函式時，需載入其所對應的標頭檔，因爲標頭檔有宣告其語法，以便在編譯時期就能判斷呼叫此庫存函式的語法是否正確。

✦ main( ) 函式

由 main( ) 後面跟著的一對小括弧即可看出其乃爲一函式，整個程式的執行動作將由 main( ) 函式中的各個敘述依序引發；main 的確是個相當平凡的名字，不過它卻是唯一的選擇，所有的 C 程式不論擁有多少函式，它總會先行尋找 main( ) 這個函式作爲進入點 (entry point)，然後開始執行。

位於 main 之後的小括弧內通常包含必須傳給函式的訊息 (例如數學上的函數 sin(x)，其中的 x 就是傳給 sin( ) 函數的訊息)。這些訊息謂之爲參數 (parameter)，參數的個數不限止於一個，詳細情形請參閱 10.5 節命令列參數。而在我們的簡單範例中，並不需要傳遞任何訊息給 main( )，所以括弧內是空著的；特別要注意，即使不需參數，小括弧也絕對不能省略。

```
{
    ·          大括弧與區塊
    ·          ( 函式本體 )
    ·
}
```

函式 main( ) 之後的敘述被一對大括弧所包圍，它指出了哪些命令該是屬於 main( ) 的部分；大括弧可標示函式本體的開頭與結尾，必須注意到，僅有大括弧擁有此種能力，小括弧 ( ) 與中括弧 [ ] 都沒有辦法。

大括弧也可用於集結程式中的一些敘述使之成為一個單位，或稱之為區塊 (block)，這方面正如同 Pascal 或 Modula-2 等語言中的 begin 和 end。

✦ printf( ) 函式

接下來位於 main( ) 函式內的即為三條 printf( ) 函式呼叫，我們不難猜出這個函式的目的，它應該會把後面的文字內容顯示在螢幕 (screen) 上。再強調一次，printf 後面出現括弧即告知編譯程式其乃為一函式，程式中所看到的三個printf( )函式內都出現一群被雙引號 (" ") 圍起來的文字;在C語言中，凡是由雙引號所包含的內容都屬於字串 (string，即文字串列) 的一部分。在這裡，printf( ) 會接收一個字串作為參數，然後把它們列印到螢幕上。

現在我們可以來看看輸出結果：

```
Hello, world.
C is fun, so learning C now.
```

您可以和程式一一對照，printf( ) 果然忠實地把字串訊息印至螢幕；但似乎有些奇怪，輸出結果第一列最後印出 world. 之後為何會跑到下一列，而第二條 printf( ) 中的 \n 又為何沒有顯現出來？

事實上，在 C 語言中，字串內的 \n (反斜線後跟著一個特殊字母) 乃屬於特殊的單一字元，換句話說，\n 會被視為一個字元，而它的作用也並非程式撰寫時所看到的文字。就拿我們的例子來說，\n 所代表的是換行字元 (newline character)，而它的作用將使得輸出的位置轉移到下一列。由於換行字元 \n 的影響，使得輸出結果變成這樣，第三條 printf( ) 中最後的 \n 也有著同樣的功能，亦即使游標 (cursor) 移到下一列的開頭。

✦ return 0; 敘述

由於 main 函式的資料型態為 int，故程式需要有一行 return 0 ; 敘述與之匹配，詳細情形請參閱 7.3 節。目前您只要照著這樣做就可以。

1.4 如何編譯及執行程式？

當我們以編輯器 (editor) 撰寫完一個 C 的原始程式之後，此時的檔名是以 .c 為延伸檔名；接下來就要以編譯器 (compiler) 來編譯 (compile) C 程式，使其成為以 0 和 1 所組合而成的目的碼 (object code)，此時的延伸檔名為 .obj，最後再由連結器 (linker)，將程式中所呼叫的庫存函式目的碼和原始程式碼所轉成的目的碼一起做連結，此時會產生一可執行檔 (executable file)，此延伸檔名為 .exe，示意圖如圖 1-3。

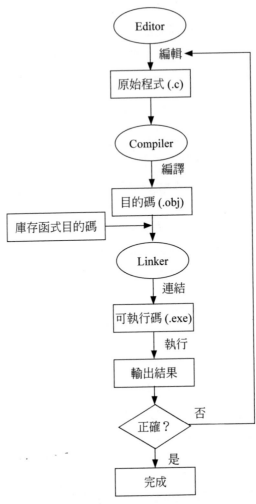

圖 1-3 編譯及執行程式示意圖

1.5 進一步的範例

這一節裡，我們將再度提出一個例子，並對其內容詳加說明，程式如下所示：

```
1    /* ch1 variable.c */
2    #include <stdio.h>
3
4    int main()
5    {
6        int num;
7        int square;
8
9        num = 10;
10       square = num * num;
11       printf("Square of %d is %d.\n", num, square);
12       return 0;
13   }
```

程式 variable.c 與 first.c 在架構上大致是相同的，不過這個程式中多了幾類敘述：

◆ int num;
　int square; ｝宣告敘述

宣告敘述 (dclaration statement) 是 C 語言重要特色之一，本例中的 int num；即說明了兩件重要的事情：

1. 在程式的 main( ) 函式中某處，存在著一個名為 num 的變數 (variable)。
2. 這個 num 變數的資料型態 (data type) 乃為整數 (integer)，亦即不帶有小數部分的數值。

編譯程式會根據宣告的要求而配置適當數量的記憶體空間，稍後我們就能利用變數名稱 num 做出許多有用的動作。

位於 int num 之後有個分號 (;)，C 語言的分號目的在於指出敘述的結束；例如 int square; 是一條敘述，函式呼叫 printf() 也是一種敘述形式，所以後面也要有分號。至於註解或是前端處理程式的指令 (例如 #include) 並非 C 語言敘述，所以無需分號；此外，函式 main( ) 因其僅爲函式定義，仍然不屬於任何一種敘述，因此 main( ) 後面沒有分號存在。

　　特別要提出來的是：分號也屬於敘述的一部分，而單獨只有分號的敘述稱爲空敘述，表示不做任何事。有時只是爲了程式的美觀易懂，或讓程式空轉而已。

◆ num = 10;

宣告了變數 num 之後，就可以指定數值給它，上面這條敘述的意思就是把數值 10 指定給變數 num，因而 num 便擁有數值 10。這裡的符號 "=" 並不是一般的數學符號 " 等於 "(事實上 " 等於 " 在 C 語言中有另外的符號代表)；正確的說法應該是指定 (Assign) 符號，而其作用方向則爲從右到左，譬如像底下這樣：

```
10 = num;
```

那就不僅沒有意義，而且會被視爲錯誤 (Error)。在前面那條指定敘述後面同樣必須以分號終結。

◆ square = num * num;

這是相當簡單的數學運算，其中的 * 代表的就是數學上的相乘，把 num 的值乘以 num 後，再把結果指定給 square，注意到 num 的值並不會遺失或改變。

由簡單的數學可知：

```
10 * 10 等於 100
```

所以 num 此時的值是 10，square 則爲 100。

◆ printf( ) 函式呼叫

別急著看 printf( ) 的參數內容，我們先將執行結果顯示出來，如下所示：

```
Square of 10 is 100.
```

printf( ) 呼叫是這樣寫的：

```
printf("Square of %d is %d.\n", num, square);
```

前面幾個字沒有問題，直到 %d 的時候，螢幕上卻出現 10，而下一次的 %d 竟也出現 100，最後的 num，square 又是什麼東西？

您應該還記得，函式中可允許很多個參數，這些參數必須利用逗點 (,) 加以分隔；像本例中即有三個參數：

1. 字串參數："Square of %d is %d.\n"
2. 整數參數：num
3. 整數參數：square

函式 printf( ) 第一個參數中的 %d 並沒有顯現，它的意思是說該處將有一個整數資料出現，而顯現方式則為十進位形式 (decimal)。至於實際取代的資料則由第二個參數 (即 num) 決定，其值為 10，所以 %d 之處便顯示出 10；第二個 %d 也是這樣，但它會取出接下來的參數內容，亦即 square，它的值經由前一條指定敘述設定為 100。

我們可以想得到，字串參數中出現幾個 %d 符號，後面就必須提供等量的整數參數。看起來似乎不太困難，不過 printf( ) 函式的真正功能卻非僅限於此，我們會有專門的章節來討論。

看過了幾個程式，您是否懷疑 C 程式都必須長得這般模樣嗎？是不是 main( ) 底下的大括弧內的敘述都要內縮幾格呢？答案是絕對地否定，我們之所以這樣寫，完全是為了清晰上的考量，藉由縮排 (indent) 的形式，使閱讀者能清楚地了解程式的架構與流程。我們強烈的建議您這樣做。

事實上，C 語言編譯程式會忽略掉所有不必要的空格或換行，因此您可以根據自己的喜好而樹立特殊的風格，當然了，建立一種為大眾所接受的風格，不論對他人或自己都有好處。

雖然 C 語言編譯程式擁有這種能力，您也不該濫用它，譬如前面的程式 first.c 可改成：

```
1    /* ch1 bad_style.c */
2    #include <stdio.h>
3           /* header file */
4
5    int main    ()
6    /* main() function */
7    { printf
8      ("Hello, ");        /*function
9              statement */
10     printf("world.\n")
11     ;
12
13     printf("C is fun, so learning C now.\n");
14     return 0;
15   }
```

編譯過程沒有問題，執行結果也完全一樣，但是不會有人相信您是一位專業的設計師。

1.6　變數宣告

程式 variable.c 中，我們總共宣告了兩個變數，它們都是整數型態：

```
int num;
int square;
```

兩個宣告敘述都以分號作為結尾，開頭的 int 是 C 語言的關鍵字 (key-word)，代表的意思是整數型態 (integer type)；在 C 語言中，宣告變數時都是先寫明型態種類，然後才給定變數名稱。

我們可以想到一個問題，如果變數的個數很多時，是否該一條條加以宣告呢？其實對於同一類型的變數而言，我們可使用比較簡單的寫法表示之，譬如底下的例子：

```
1    /* ch1 many_var.c */
2    #include <stdio.h>
3
4    int main()
5    {
6        int i, j, k;
7        i = 100;
8        j = 200;
9        k = 300;
10
11       printf("i + j + k = %d.\n", i+j+k);
12       return 0;
13   }
```

我們希望宣告 i，j，k 三個 int 型態的變數，當然也可以寫成：

```
int i;
int j;
int k;
```

但是似乎有些累贅，我們還能採用例子中的宣告方式，把它們濃縮為同一條敘述：

```
int i, j, k;
```

注意到整個敘述僅有一個分號，至於不同的變數間則以逗號分開；能夠採取此種宣告方式的條件，是在所有變數都具有同一型態的情況才能成立。

上述兩種宣告的效果會是完全相同的，我們來看看輸出情況：

```
i + j + k = 600.
```

在 main( ) 主程式內部，我們分別以指定敘述把 100、200、300 設定給 i、j、k；有一點值得特別注意，當我們宣告了某些變數時，這些變數當時所擁有的值是無法確定的，它們並不像某些語言會把所有變數初值設定為零。所以倘若沒有為本例中的 i、j、k 設定初始值，那麼計算結果 i+j+k 的值將是記憶體內的殘餘值，至於真正的答案則視當時記憶體的內容而定。

C 語言中，可以使用初值設定 (initialization) 的技巧使得變數在宣告時即擁有某些初始值，我們可以把前面的例子簡化成：

```
1    /* ch1 declare.c */
2    #include <stdio.h>
3
4    int main()
5    {
6        int i=100, j=200;
7        int k=300;
8
9        printf("i + j + k = %d.\n", i+j+k);
10       return 0;
11   }
```

　　宣告時順便加上設定敘述，這是一種良好的習慣，可以避免誤用了某些未經初始化的變數。上面的宣告可以濃縮為：

```
int i=100, j=200, k=300;
```

　　變數間仍然以逗號分隔，不過要注意到，下面這種宣告方式：

```
int i, j, k = 300;
```

　　並不會使 i, j, k 三個變數都擁有設定值 300，其中只有 k 會有這種影響，i 和 j 所擁有的仍然是記憶體內的殘餘值；為了使程式看起來清晰，最好避免上面這種寫法，而把它寫為兩列：

```
int i, j;
int k = 300;
```

　　程式 declare.c 的執行結果與前例完全一樣：

```
i + j + k = 600.
```

　　介紹了許多種變數宣告的方法，您是否要問為何必須事先將變數加以宣告呢？如果能夠直接就拿變數來使用，不是十分方便嗎？

　　因為強制要求變數宣告，可以找出一些難以發覺的錯誤，例如我們宣告了一個 int 型態的變數 num1：

```
int num1;
```

如果在程式中誤寫成 numl，那麼編譯程式將能偵測到這類無心之過。再舉例說，如果我們在某個地方把 num1 誤寫為 numl(1 與英文字母 l 看起來實在很像)：

```
numl = 10;
```

假使 C 語言不需要宣告變數，那麼 numl 將順利地取得數值 10，而原先我們真正想做的

```
num1 = 10;
```

卻無法進行，像這種錯誤是十分難以偵測的。有了變數宣告的要求，這種情況在編譯期間便能發覺出來。

也許上述理由都無法說服您，但是 C 語言強制要求變數在使用前一定要加以宣告，因為它要依據此宣告來配置記憶體空間給變數，相信這一點將足以讓您養成變數宣告的好習慣。

當我們要宣告變數時，第一個要考慮的就是變數該以何種型態出現，前面的例子中都是整數型態 int；決定了變數型態後，再來就是為變數選取名稱，在此提出幾點建議：

◆ 為變數所選取的名稱最好要能明確地表現出變數的用途，譬如以 weight 代表某人的體重就遠比單純的 w 要好得多；如果變數名稱仍然無法充分表達，就只好藉助註解的幫忙：

```
int weight;  /* the weight of a child */
```

這項原則並非一成不變，有些意義上並非如此重要的變數則可儘量簡化，例如註標值 (index) 的表達用 i, j, k 就已十分清楚，實在不需要取個冗長的名稱 index、position...。C 語言在變數命名上是相當自由的。

◆ 變數的名稱可以是文字、數字、以及底線 (_)，但是數字不能出現於第一個字。下面所列均為正確的變數名稱：

正確的變數宣告

```
int number1, number2;
int width_of_screen;
int FirstName;
```

至於底下的宣告則均為錯誤：

```
int 3man;          /* 數字不可開頭 */
int we'll;         /* 不允許標點符號 */
int color-screen;  /* 連字號無法接受 */
```

◆ C 語言的變數名稱原則上是區分大小寫的，舉例來說：FirstName 與 firstname 將被視為兩個不同的變數。

此外，變數名稱的長度也有所限制，視編譯程式而定；舉例來說，如在一個僅允許 8 個字元長度的編譯系統而言

```
int computer1;
```

以及

```
int computer2;
```

會被視為相同的變數，因為超過 8 個字元以後的字元都將忽略。

◆ 善用大寫字母與底線符號。譬如前面的例子，MyName 或 my_name 任何一種方式都要比單純的 myname 和 MYNAME 來得好。本書中乃採用小寫字母為主，再配合底線符號來建構所有的變數名稱；至於完全大寫的名稱則保留給符號常數 (symbol constant)，譬如 1.1 節 overview.c 程式中的

```
#define MAX 100
```

在此的 MAX 即為符號常數的一例，它的值是無法再行改變的。

◆ 變數名稱不可與 C 語言的關鍵字相衝突，例如 int 這個字就是關鍵字，我們不可能寫出

```
int int;
```

如此的宣告將被視為錯誤。

有關關鍵字的意義將於下一節中說明。

1.7　關鍵字

這裡所謂的關鍵字 (keyword) 就是 C 語言中的字彙，對 C 來說，這些字十分特別，它們早已賦予特殊的意義，您不可以再使用它們作為變數或符號常數的名稱。

許多關鍵字是用來指定型態，例如我們常見的 int 型態，也有一些關鍵字乃用以控制程式流程，像是 if、while、goto... 等等，底下我們就列出標準 C 的關鍵字如表 1-1 所示：

表 1-1　ANSI C 語言關鍵字

auto	break	case	char
const	continue	default	do
double	else	enum	extern
float	for	goto	if
int	long	register	return
short	while	signed	sizeof
static	struct	switch	typedef
union	unsigned	void	volatile

其中的 const 和 volatile 則是 ANSI C 標準中新加入的關鍵字；所謂的 ANSI 乃意指美國國家標準局 (American National Standards Institute)，該機構為非營利的，主要功能在於協調全美國的電腦標準。ANSI C 即為該機構為 C 語言所定義的標準。

本書所有的範例程式都是以 ANSI C 標準撰寫的，所以可以在各個平台下執行。

1.8　摘要

　　從本章中看到了幾個 C 程式的範例，對 C 程式的架構與語法已有某種程度的了解。範例程式所執行的動作都十分簡單，從最開始的 printf( ) 函式呼叫，直到利用程式計算一些數學式子，這些並非電腦的能力所在，不過它們卻是最基本的要素。

　　我們對變數的宣告方式、為何必須宣告變數、以及選取變數名稱該注意的事項 ... 等等，已做了清楚的說明。本章最後則列舉出 C 語言的所有關鍵字，這些關鍵字都不允許再作為變數名稱。

1.9　上機練習 (參考附錄 A 的 Dev-C++ 操作手冊，進行下列程式的上機實作)

1.

```
1   //p1-1.c
2   #include <stdio.h>
3   int main()
4   {
5       printf("Hello, ");
6       printf("how are you ? \n");
7       printf("I am fine, ");
8       printf("thank you. ");
9       printf("and you ? \n");
10      printf("Over");
11
12      return 0;
13  }
```

2.

```
1   //p1-2.c
2   #include <stdio.h>
3   int main()
4   {
5       int x=11, y=22, z=33;
6       int total=0;
7       total = x+y+z;
8       printf("x=%d, y=%d, z=%d\n", x, y, z);
9       printf("total = %d", total);
10
11      return 0;
12  }
```

3.

```
1   //p1-3.c
2   #include <stdio.h>
3   int main()
4   {
5       int a=10, b=20, c=30;
6       printf("a=%d, b=%d, c=%d\n", a, b, c);
7       c=b;
8       b=a;
9       printf("a=%d, b=%d, c=%d\n", a, b, c);
10      b=b+1;
11      a=a*2;
12      printf("a=%d, b=%d, c=%d\n", a, b, c);
13
14      return 0;
15  }
```

1.10 程式實作

1.　王先生是在一家資訊公司上班，他是個朝九晚五的上班族，也就是說王先生每天都是從九點準時上班，一直到傍晚五點鐘下班。試問假如王先生中午時刻是不休息的，那他一天總共要工作多少秒。(提示：C 語言的 +、-、*、/ 運算子分別代表加、減、乘、除)

　　試著做做看，順便熟悉一下您所使用的編譯程式。

2.　假設您現在修的科目有計概、C 語言、微積分、會計學和經濟學，試著將它們取適當的變數名稱，並在宣告時順便給予初值，請計算這五科的總和及平均分數為何？

02

資料型態

程式處理的東西就是資料 (data)。我們希望程式把外界輸入的數值、文字、圖形等等進一步加以處理，然後再把結果顯現出來，這些都需要藉由資料在電腦內部計算與轉換。

每一種資料都有特有的性質，此處我們謂之為型態 (type)，電腦術語即稱作資料型態 (data type)：在這一章裡，我們將要介紹 C 語言提供的各種資料型態，說明如何宣告它們、何時為使用時機、及如何利用 printf() 將它們顯現出來。

2.1　位元、位元組、與字組

現今的電腦系統多以電子電路或磁性物質來儲存資料，為了實作的方便及物理的特性，這些儲存媒介基本上一個單位僅能保有兩種不同的狀態；就基本電路而言，它們是高電位與低電位，或者說是開 (on) 與關 (off)。這類基本的單位在電腦術語中謂之為位元 (bit)。

一個位元可以保有兩種資料，即 0 與 1(相對於高低電位或開與關)。很明顯地，單一位元必然無法表達電腦應用中的複雜資料，但在電腦內部卻存在著數量龐大的位元數量，藉由為數眾多的位元，各種資料型態也就應運而生。

位元組 (byte) 則為描述電腦記憶體時一般採用的基本單位。對於近代所有電腦而言，一個位元組乃由 8 個位元結合而成，而這也是標準的定義。每一個位元可保存兩種資料，所以一個位元組 (8 個位元) 便能表示 256 種不同意義的資訊：

$$2^8 = 256;$$

這 256 種不同的位元樣式 (Bit pattern，即由 0、1 任意組合而成的狀態) 可經由特殊的編碼技巧而賦予不同的意義；譬如它們可以代表 0 到 255 之間的整數，或者是英文字母與標點符號。無論如何，各種表示法都是以二進制 (binary) 數字系統作為基礎，有關二進位的觀念會在下面的章節中討論。

位元和位元組可以說是電腦記憶體的最基本單位，但對於電腦的設計師來說，字組(Word) 才是最自然的單位。譬如早期8位元的 Apple 微電腦系統，一個字組就相當於一個位元組；以及 IBM AT 及相容機種均為 16 位元，也就是說每個字組是由 2 個位元組構成，至於 80x86 PC 或是 Macintosh 等則為 32 位元電腦或現如今的 64 位元電腦，許多昂貴的超級電腦更是使用 64 位元或者更大的字組。為了行文方便起見，本書中除非特別指明，否則均採用 32 位元的字組。

　　除了上述的基本名詞外，還有一些代表性的縮寫記號也應該注意，如表 2-1 所示：

表 2-1　記憶體大小符號

1 Kilobyte (KB)	1024 Bytes	10^3	2^{10}
1 Megabyte (MB)	1024 KB	10^6	2^{20}
1 Gigabyte (GB)	1024 MB	10^9	2^{30}
1 Terabyte (TB)	1024 GB	10^{12}	2^{40}
1 Petabyte (PB)	1024 TB	10^{15}	2^{50}
1 Exabyte (EB)	1024 PB	10^{18}	2^{60}
1 Zettabyte (ZB)	1024 EB	10^{21}	2^{70}
1 Yottabyte (YB)	1024 ZB	10^{24}	2^{80}

綜合這一節所介紹的內容，我們可以歸納如圖 2-1 所示：

1 bit = (0 或 1)

1 byte = 8 bits

1 word = 2 bytes (或 4 bytes)

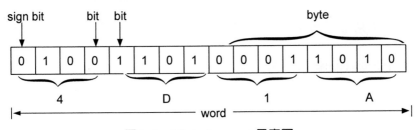

圖 2-1　bit, byte, word 示意圖

2.2　整數與浮點數

這裡所謂的整數 (Integer) 指的是不帶有小數點的數值，它可以有正負符號，譬如 2725，0，-168 等均為整數；至於 1.414、-0.3、以及 3.0 等等則都不是整數。

整數資料儲存於電腦內部時，乃是以純粹的二進位數字系統來表示，例如：若是用 1 個位元組 (8 個位元) 來表示整數 10，由於 10 的二進位表示法為 1010，於是我們就讓右邊 4 個位元為 1010，並使左邊其餘位元均保持為 0：

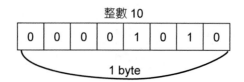

整數 10

| 0 | 0 | 0 | 0 | 1 | 0 | 1 | 0 |

1 byte

浮點數 (Floating-point) 類似數學上常說的實數 (Real)，它涵蓋了整數無法充分表達的數值；在語言的資料型態上，整數與浮點數是兩種截然不同的型態，它們之間並無交集，這不像數學上定義的 " 整數為實數的部分集合 "。

浮點數的表示方法有許多種，最簡單的就是小數點型式，譬如：

98.765(小數點型數)

也可寫成指數記號

9.8765×10^1

9.8765E1

9.8765e1

上面的字母 E 和 e 代表的意思就是 10 的幂次，實際的次方則跟於 E(e) 之後，再舉例來說：

$-158E\text{-}2 = -158 * 10^{-2}$

$= -1.58$

　　這些數值符號完全是爲了配合人類的習慣，在電腦內部則有另一套方法儲存，像是前面的例子 98.765，它會先分解成小數部分和指數部分，即 0.98765 與 2，然後分別儲存它們：

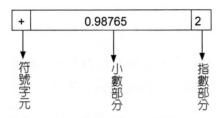

　　符號位元佔用的空間必定是單一位元，它擁有的值僅需 0 與 1(即正或負)，至於小數與指數部分所需的空間則視系統而定；一般來說，整個浮點數可能是以 32 位元、64 位元，甚至更多的位元來表示。當然囉！位元數愈多，相對的精確度也會提高。

　　綜合整數與浮點數的討論，我們可以提出幾項要點：

　　電腦系統完全是以二進制觀念在運作，不管是浮點或整數，儲存於電腦內部時都會表示成二進制。

　　浮點數所能表達的數值範圍遠比整數大得多。

　　浮點數在某些數學運算上，可能喪失較多的精確度；整數則不會有此類問題。

　　在一般狀況，浮點數運算要比整數運算慢得多，我們的建議是在沒有必要的情形下，若以整數便可勝任，那就盡量使用整數，在空間及時間上較有效率。然而目前已有專爲浮點運算設計的微處理機，它們的速度也相當快。

2.3   int 型態

　　關鍵字 int 乃是整數資料最常用的型態，我們在第一章時已經充分介紹過 int 資料的宣告方式，包括其語法及初始化方式，我們再回憶一下：

　　宣告時一定是由關鍵字開頭，最後應以分號結尾，我們也可以同時宣告好幾個變數，其間需以逗點分開，變數宣告時也可以同時給予其初始值；幾乎 C 語言的變數都遵循此類模式，您應該快習慣它。

　　int 型態是一種有正負號的整數 (Signed integer)，也就是說該類變數可保有正、負、以及零等數值，至於正負數值所允許的範圍則視編譯程式而定；例如早期的 16 位元編譯程式如 Turbo C，乃以 2 個位元組即 16 個位元來儲存一個 int 資料，16 個位元共可表示 65536 種數值，這樣就允許儲存介於 -32768 到 +32787 之間的所有整數。而現今的編譯程式大部分皆為 32 位元，其 int 佔 4 個位元組，例如：Visual C++ 和 Dev-C++。

2.3.1   八進位與十六進位

　　當我們利用 printf() 函式列印 int 數值時，是以 %d 記號取代變數值應該出現的地方，這些待列印的資料可以是單純的 int 變數，也可以是複雜的運算式：

```
1    /* ch2 int_dec.c */
2    #include <stdio.h>
3    int main()
4    {
5        int number;
6        number = 168;
7
8        printf("Number = %d Double = %d.\n",number,number*2);
9        return 0;
10   }
```

　　程式 int_dec.c 的 printf() 函式呼叫中，共有二個 %d 符號，所以接下來必須也有二個整數資料。

執行結果是這樣的：

```
Number = 168 Double = 336.
```

從輸出看來，出現的數值形式乃是我們所習慣的十進制表示法，事實上，這些都已經在電腦內部做了某些轉換動作；電腦系統是採用二進制爲基礎，十進位運算對電腦而言十分不自然，很遺憾地，C 語言並不允許我們直接以二進位來表示資料。

情況雖然如此，不過 C 語言仍舊允許另外兩種與二進制關係密切的數字系統：八進制與十六進制；它們都是 2 的冪次方，彼此間轉換起來非常方便。

八進制系統下，僅能夠出現 0 到 7 之間的數字，每逢 8 就該進一位；十六進位用英文字母的 a ～ f(或 A ～ F) 來表示數值 10 到 15。

正常情況下，程式中看到的數值形式都是十進制，不過我們也可以強迫使用八進位或十六進位表示法，於是在書寫數值時就必須有些變化，以便編譯程式能判定出究竟是何種表示法：

◆ 八進制：凡是字首 0 開頭的數值即爲八進位資料，接下來出現的數字都必須介於 0 到 7 之間，譬如

037，020，0105

都是合法的八進位數值，其中的 037 即相當於十進制的 31：

$$037_8 = 3 *8^1 + 7*8^0$$
$$= 24+7$$
$$= 31_{10}$$

若是我們寫出底下的宣告：

```
int i = 096;
```

那麼在編譯過程中就會出現 "Illegal octal digit" 的錯誤訊息，意思是使用了非法的八進位數字，因為我們在宣告 i 時誤用了數字 9。

✦ 十六進制：表示該數字系統時需在字首加上 0x 或 0X，大小寫都可以，後面的數字則可以為 0 ～ 9 及 A ～ F(或 a ～ f)，表示 10 ～ 15。例如

```
0x1A2B，0X5CE，0Xabc
```

等等都是合法的十六進位數值。

在函式 printf() 中，不僅可以用 %d 單純地印出十進位資料，也可以八進位或十六進位列印，我們來看底下的例子，例子中分別用三種數字系統來印出同一個數值：

```
1    /* ch2 oct_hex.c */
2    #include <stdio.h>
3    int main()
4    {
5        int base;
6        base = 158;
7
8        printf("Dec = %d, Oct = %o,  Hex = %x.\n", base, base, base);
9        printf("Dec = %#d, Oct = %#o, Hex = %#x.\n", base, base, base);
10       printf("Dec = %#d, Oct = %#o, Hex = %#X.\n", base, base, base);
11       return 0;
12   }
```

首先看看第一條 printf()，%d 是我們所熟悉的，至 %o 和 %x 則分別以八進位與十六進位格式列印，我們同樣要提供取而代之的變數，亦即函式中的後三個參數 base、base、base。暫時來看看輸出結果：

```
Dec = 158, Oct = 236,  Hex = 9e.
Dec = 158, Oct = 0236, Hex = 0x9e.
Dec = 158, Oct = 0236, Hex = 0X9E.
```

意思就是說：

$$109_{10} = 155_8 = 6d_{16}$$

接下來的兩列中都會出現完整的數值表示法，也就是領頭的 0 和 0x(或 0X)，這是怎麼辦到的呢？回過頭來看看程式，似乎多了一個 # 號，這個 # 記號即要求 printf() 在列印時也把領頭的符號一併列出；其中的十六進位 %x 又區分為 %#x 和 %#X，大小寫的作用即在使得十六進制數字的字母符號於出現時能以相對的大小寫顯示，您可以自行對照。

必須體認到的是：不論我們是以何種數字系統來表示，或是在 printf() 作用下看到任何一種形式，在電腦內部，始終以二進位觀念在運作。

2.3.2　其他整數型態

除了 int 之外，C 語言還提供另外三個關鍵字以便更精確地描述整數，它們分別為 unsigned、short、以及 long，其中以 unsigned 最為常用，我們就先來介紹它。

日常生活中，很多數量都是不可能出現負數的，譬如身高、體重、日期等等，這些資料就有必要以unsigned(無正負符號) 表示；除了上述的需要外，unsigned 型態還有另外一項優點，那就是使得一個 4 位元組空間所能表示的正值範圍增加了。預設的 int 型態是有正負號的 (signed)，它會保留最左邊的位元作為符號位元 (sign bit)，因此數值範圍為：

-2147483648 ～ +2147483647

當我們宣告成 unsigned int 後，整個數值範圍就向正數方向平移，於是便能表示：

0 ～ +4294967295

之間的數值，在某些應用上極為重要。順帶一提，long int 的數值範圍為 -9223372036854775808 ～ 9223372036854775807。若是 unsigned long int 則表示的範圍是 0 ～ 18446744073709551615。

　　型態 short int 或 short " 可能 " 會比 int 使用較少的空間,當我們希望能節省空間時,可以依情形使用 short;相反地,long int 或 long 型態則 " 可能 " 使用較多的位元數目 short 與 long 同樣為有號型態。

　　為何前面我們不斷地提到 " 可能 " ?因為,short 和 long 確實所佔的空間完全依系統而定,我們只能說,short 所用的空間一定不會比 int 多;而 long 則必定不會比 int 來得少。

　　之所以需要這些關鍵字,其實是為了相容性的問題,目前電腦大都是 64 位元,所以 short int 佔有 2 個 bytes;int 佔 4 個 bytes,而 long int 則佔 8 個 bytes。唯有當整數資料不大時,才有必要考慮使用 short int,而它的範圍可介於

-32768 ~ +32767

或是使用 unsigned short int,則範圍便為

0 ~ +65535

　　接下來的問題就是如何宣告它們,int、short、long、以及 unsigned 等關鍵字大多數可混合使用,一般來說,當 int 與其他關鍵字相結合時,通常省略不寫,我們舉幾個簡單的例子:

```
unsigned int weight1;
unsigned weight;
short int length1;
short length2;
unsigned short length3;
int age;
```

初始方式與多變數宣告的規則,完全跟單純的 int 一樣。

　　您可以想到再來的問題就是如何用 printf() 列印這些變數,底下有個程式範例:

```
1    /* ch2 ints.c */
2    #include <stdio.h>
3    int main()
4    {
5        short int sint = 32767;
6        int i = 32768;
7        long int  lint = 2147483647;
8
9        printf("    %hd    %d\n", sint, sint);
10       printf("    %hd    %d\n", i, i);
11       printf("    %ld    %d\n", lint, lint);
12       return 0;
13   }
```

從 printf() 中的轉換規格可以看出列印各種整數型態時所應寫明的符號：

```
%d  : int
%u  : unsigned int
%hd : short int
%hu : unsigned short int
%ld : long int
%lu : unsigned long int
```

程式中還分別以 %d 形式印出各種數值，看看它會有什麼結果：輸出如下所示：

```
32767          32767
-32768         32768
2147483647     2147483647
```

變數 sint 宣告為 short，以 %hd 與 %d 輸出結果是相同的。

第二個輸出，當 int 以 %hd 印出時，則只取二個 bytes(-32768 ～ 32767)，故輸出為 -32768。而從第三個輸出結果可以推知在 Dev C++，int 與 long int 乃佔相同的 byte 數。從這裡也得知，在使用 printf() 時，採取的轉換規格最好能與變數的型態相一致，相關的問題會在第 3 章加以探討。

2.4　char 型態

　　型態 char 主要是用來儲存英文字母以及標點符號等特殊字元 (character)，該型態所佔的記憶體空間通常是 1 個位元組，於是便能保有 128 種不同的數值。基本上，char 仍然是一種整數型態，因為在電腦內部並不能判斷 A、B、C...... 等符號，所有的字元均以整數值加以代表，因此必須有一套數值代碼，用來作為數值與字元間的映對工作。

　　目前最為常用的代碼就是 ASCII 碼 (American Standard Code for Information Interchange)，例如字母 A 在 ASCII 碼中就以整數 65 來表示，字元 B 則為整數 66。標準的 ASCII 碼共定義有 0 ～ 127 之間的數值，其中 0 ～ 31 為控制碼，32 ～ 127 為英文大小寫字母、標點、以及特殊符號等字元。單一位元組最多可擁有 256 種組合，而 ASCII 碼僅用了 128 種 (右邊七個位元)，於是 IBM 等系統即自行定義另外 128 種字元，它們的數值均大於 127，這部分的代碼為 IBM 擴展碼，主要是提供某些有用的繪圖字元。

2.4.1　宣告 char 變數

　　char 變數的型態關鍵字為 char，宣告的方式和其他型態完全一致：

```
char alpha;
char ch1, ch2, ch3;
```

　　這幾個變數佔用的記憶體空間都是 1 個位元組。初始化的動作也很簡單：

```
char choose = 'A';
```

　　當我們想把某個字元指定給變數時，並不需要寫明它的 ASCII 碼，事實上，記住 ASCII 碼是既不可能又不實際的，我們只要在單引號寫出所要的字元就可以了。記住，單引號內最多僅能出現單一字元，多餘的空格是不允許的。底下的設定均犯了某些錯誤：

```
char ch1 = '65';      /* 錯誤，單引號內只能有一個字元 */
char ch2 = 'A ';      /* 錯誤，A 後面不可有空白 */
char ch3 = "A";       /* 錯誤 */
```

最後一個例子採用了雙引號的形式，這是絕對地錯誤，C 語言中，雙引號圍起的字元均為字串 (string) 的一部分 (關於字串我們會有完整的篇幅來討論)；變數 ch3 宣告的是 char 型態，所以不該採用雙引號。

當電腦看到符號 'A' 時，便會自動將其轉換為實際的 ASCII 碼整數值，即 65，我們當然可以這麼寫：

```
char ch4 = 65;
```

於是 ch4 也能保有字元 'A'，不過這樣做可能有幾項缺點：數值 65 無法給人清楚的認知，必須透過查表後才能得知其意義為字元 'A'；另一方面，在某些系統下，採用的代碼或許不是 ASCII 碼，因此字元 'A' 的代碼便不再是 65，所以這種寫法在可攜性方面將大打折扣。

2.4.2　特殊字元

我們在 ASCII 表上看到的大多為普通的字母或符號，但在前面部分卻有許多奇怪的記號，這些字元多數作為控制之用，本身是無法印出的，而我們在表示時也不能以單一字元來代表:例如 '\n' (換行字元) 即為一個很好的例子。

我們若想表示這些特殊字元，可以用整數值來指定，例如：讓喇叭發聲的字元為代碼 7，於是便可指定變數 beep 為 7：

```
char beep = 7;
```

當該字元被 " 印出 " 時，喇叭便會發聲，但螢幕上是看不到任何東西的。

另外一種表示特殊字元的方法就是採用所謂的轉義序列 (escape sequence)，譬如 '\n'；首先出現一個反斜線，然後再以特定的字母來指定，底下的表 2-2 即列出常見的轉義序列字元：

表 2-2　轉義序列字元

字元	意義
\a	警告聲 (ANSI C)
\b	退格
\f	換頁
\n	換列
\r	游標回頭 (Carriage Return)
\t	水平跳位 (tab)
\v	垂直跳位 (tab)
\\	反斜線
\"	雙引號
\ooo	八進位數值
\xhh	十六進位數值

許多轉義序列字元是用來控制游標位置，例如：

printf("\a\b\n");

便能使喇叭在發聲後 (\a) 往後退一格 (\b)，然後再移到下一列 (\n)。由於反斜線 (\)、單引號 (')、以及雙引號 (") 等都有特殊的用途，我們如果只想單純地印出這些符號，就必須在前面加上反斜線，底下為一範例：

```
1   /* ch2 chars.c */
2   #include <stdio.h>
3   int main()
4   {
5       char new_line = '\xa';   /* hexdecimal */
6       char beep = '\007';       /* octal */
7       char tab = 9;             /* decimal */
8       char back_slash = '\\';
9       char single_quote = '\'';
10
11      printf("Characters display testing...\n\n");
12      printf("   Old Line%c   New Line.\n", new_line);
13      printf("   Beeping...%c\n", beep);
14      printf("   BackSlash : %c.\n", back_slash);
15      printf("   Don%ct be confused...\n", single_quote);
```

```
16      printf("   Tab Test...%c%cContinued...\n", tab, tab);
17      return 0;
18 }
```

程式 chars.c 中舉出許多種字元常數的寫法：

```
new_line = '\xa'; /* 十六進位碼 */
beep = '\007'; /* 八進位碼 */
tab = 9;. /* 十進位碼 */
```

在單引號中，反斜線後面跟著的 x 和 0 分別用來指示該數值代碼為十六進位或是八進位，至於十進位的數值則無囊括於單引號內。

若想表示單引號 (') 或反斜線 (\) 本身，那就必須在前面再加上一個反斜線：

```
base_slash = '\\';
single_quote = '\";
```

反斜線的列印也可以直接在 printf() 敘述中寫明：

```
printf("Back_slash \\");
```

顯現的結果便是

```
Back_slash \
```

由於程式還能知道 printf() 列印字元時該使用的轉換規格為 %c，當然後面要有 char 型態的資料與其對應。底下是執行的情形。

```
Characters display testing...
   Old Line
   New Line.
   Beeping...
   BackSlash : \.
   Don't be confused...
   Tab Test...          Continued...
```

注意到在 printf() 內若想直接出現單引號，實際上並不需要在前面加上反斜線，因此第五條 printf() 可改寫為：

```
printf("Don't be confused···\n");
```

2.5　float 與 double 型態

　　許多工程用的程式往往需要執行複雜的數學運算，運算的資料又多為浮點數；在 C 語言中，浮點數的型態名稱是 float，相當於 FORTRAN 及 Pascal 的 real 型態。

　　浮點數可用來表示極大的數值，例如太陽質量 $2×10^{30}$kg；也能儲存很大的資料，像是電子電荷 $1.6×10^{-19}$ 庫侖。C 語言浮點常數的表達方式與科學記號頗為類似，如表 2-3 所示：

表 2-3　數值以科學記號與指數記號表示法

一般表示法	科學記號	指數記號
123456789	$1.23456789×10^8$	1.23456789e8
0.034	$3.4×10^{-2}$	3.4e-2
-5060.14	$-5.06014×10^3$	-5.06014e3

　　C 程式可接受一般表示法及指數記號。浮點常數以指數記號書寫時，可以省略小數部分如 (1.E2) 或整數部分如 (.314E1)。至於大寫或小寫的 E(e) 則沒有影響。

　　系統中一般是以 32 個位元 (即 4 bytes) 來儲存 float 變數，其中有 8 個位元用來表示指數的值和正負符號，另外 24 個位元則存放小數部分；利用這種方式，大約可以精確到小數點以下六到七位，而數值的範圍則為 10^{-37} 到 10^{38} 之間，遠比 int 家族廣泛得多。

　　使用 printf() 時必須以 %f、%e、或 %E 等規格來印出浮點數資料，看看底下的例子：

```
1    /* ch2 floats.c */
2    #include <stdio.h>
3    int main()
4    {
5        float pi = 34.898;
6        double electron = 1.6E-19;
```

```
7
8        printf("PI = %f or %E.\n", pi, pi);
9        printf("Electron = %f or %e.\n", electron, electron);
10       return 0;
11   }
```

輸出結果為：

```
PI = 34.897999 or 3.489800E+001.
Electron = 0.000000 or 1.600000e-019.
```

　　程式在編譯時會出現一個警告的訊息，此乃由於我們將預設的 double 浮點數常數指定給 float 資料型態的變數 pi，而且以 %f 印出會產生誤差。正常的 %f 規格乃以小數記號顯現，預設的情況下，小數點後面僅會出現六位小數，所以變數 electron 的值在顯示時會變成 0.000000，但在電腦內部仍然保有實際的數值；%f 的預設條件可以利用某些方法加以改變，而讓小數部分能夠完整列出，不過這是第 3 章所討論的課題。

　　%E 與 %e 都是採取指數記號，只不過有大小寫的區別罷了。

　　程式中還有一個關鍵字 double，它是屬於倍精準浮點數型態，double 保證一定比 float 精確 (如同 int 相對於 short int)，因為 double 會使用更多的位元來儲存資料，一般來說是 64 個位元 (即 8 bytes)，這樣將可提高精確度，並減少捨入誤差 (round off error) 的發生。

　　ANSI C 還有另一種 long double 浮點數型態，然而它僅保證它的精確度至少與 double 相同。

　　Turbo C 的 long double 型態共佔 10 bytes 的空間。而 Dev_C++ 和 Visual C++ 則佔 16 bytes。預設情況下，編譯程式會假設所有的浮點數常數均為 double 型態，例如：

```
float adder;
adder = 100.0 * 2.0;
```

　　100.0 和 2.0 這兩個數值在相乘時，會依 double 的規格執行運算，待求出結果後再轉換成 float 型態。

2.6　溢值問題

　　我們已經介紹了 C 語言的各種基本資料型態，大致可分爲兩大類：整數型態與浮點數型態，它們使用的關鍵字如表 2-4 所示：

表 2-4　整數型態與浮點數型態關鍵字

整數型態	浮點數型態
char, unsigned char int unsigned int short int long int	float double long double

　　儲存空間與數值範圍可歸納如表 2-5 所示 (以 Dev C++ 爲例)：

表 2-5　各種資料型態表示範圍

型態	空間 (bytes)	範圍
char	1	-128 ～ 127
int	4	-2147483648 ～ 2147483647
short int	2	-32768 ～ 32767
long int	8	-9223372036854775808 ～ 9223372036854775807
unsigned char	1	0 ～ 255
unsigned int	4	0 ～ 4294967295
unsigned short int	2	0 ～ 65535
unsigned long int	8	0 ～ 18446744073709551615
float	4	3.4E-38 ～ 3.4E+38
double	8	1.7E-308 ～ 1.74+308
long double	16	3.4E-4932 ～ 3.4E+4932

　　每一種型態都有固定的空間，因此必定有個最大與最小的極限，譬如普通的 int 變數，所保存的正數值最大只能到 +32767，如果這個值再加 1 會有什麼後果呢？會成爲 +32768 嗎？或者又從 0 開始？我們來做一個實驗：

```
1    /* ch2 ov_flow1.c */
2    #include <stdio.h>
3    int main()
4    {
5        short int score = 32765;
6
7        printf("1. %hd.\n",score);
8        printf("2. %hd.\n",score+1);
9        printf("3. %hd.\n",score+2);
10       printf("4. %hd.\n",score+3);
11       printf("5. %hd.\n",score+4);
12       printf("6. %hd.\n",score+5);
13       return 0;
14   }
```

執行結果是這樣的：

```
1. 32765.
2. 32766.
3. 32767.
4. -32768.
5. -32767.
6. -32766.
```

　　極值 +32767 再加 1 後竟變成 -32768；當輸出的資料大於其表示範圍時，則應如何處理？如 Dev C++ short int，其表示範圍為 -32768～32767，若此時有一敘述，其變數值超出此範圍時，它如何表示呢？

```
short int k = 32768;
```

　　則印出的值為 -32768。我們利用圖 2-2 說明之。

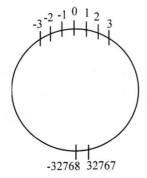

圖 2-2　short int 表示範圍

　　上圖右邊是正數從 0 到 32767，而左邊是負的數由 -1 到 -32768，因此，32768 是走到 -32768（32768-65536）那個點；此點即是 32768 所印出的值。同理，若 k 爲 32770，則印出值爲 -32766（32770-65536）；k 爲 65535 則印出的值爲 -1（65535-65536），您會了嗎？

　　當然，若 k 爲 65537，其值又爲何呢？很簡單，65537 已經走完了一圈，又到了其所對應的 1（65537-65536），所以其值爲 1。除此之外，若您設定此數爲 unsigned，如下所示：

```
unsigned short int k = -2;
```

則印出的值爲 65534（65536+（-2）），此值爲 -2 所對應 unsigned short int 所表示數字範圍的數如圖 2-3 所示：

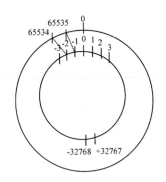

圖 2-3　unsigned short int 表示範圍

外圍是 unsigned short int 所表示的範圍從 0 到 65535。

<h2>2.7　常數</h2>

　　每一種資料型態都擁有特殊的常數表示法，譬如：'A' 必定是 char 型態，而 123.45 則爲 double 型態的常數，至於一般的整數究竟是 int、short int、long int、或是其他型態呢？C 語言自有一套規則。

　　程式中若是使用像 14 這類不是很大的數值，一般會簡單地視為 short int 資料；如果是 506014，因為無法容納於 short int，所以系統會認定它為 int 型態，假使 int 仍然太小，那麼 C 將會視它為 unsigned int。

　　有時候我們可能希望變數能儲存一個更大的整數常數，方法是在常數值的尾端加上 l (英文字母 L 的小寫) 或 L 字尾，譬如

14l

5060L

　　編譯程式將以 4 個位元組的空間來保存它們；字尾 l 與 L 也能用於八進位或十六進位表示法，像是 077L 或 0xABCl 等。在此建議您盡可能使用大寫的 L，因為小寫的 l 常與數字 1 彼此混淆。

　　浮點常數也有類似的情形，前面曾經提過，對於一般的浮點常數，編譯程式多視之為 double 型態。我們可以在字尾加上 f 或 F 而使其成為 float 型態，3.14f 和 57.3E-3F 都是合法的；或者是在字尾加上 l 或 L，而使其變成 long double 型態，譬如 2.143347e-5l 或 0.3025L，同樣地，L 將比 l 適合。

2.8　摘要

　　這一章裡介紹了 C 語言的基本資料型態，許多複雜的型態都由它們慢慢建構而成。每一種資料型態都有其特定的關鍵字、固定的儲存空間，當然也有數值表達上的限制。

　　我們已針對每一種型態的常數表示法做了詳細的說明；至於列印各種資料型態的 printf() 轉換規格則大多點到為止，不過在下一章裡，您將會更完整地認識到 printf() 的威力。

2.9　上機練習

1.

```
1   //p2-1.c
2   #include <stdio.h>
3   int main()
4   {
5       printf("Hello, world\r");
6       printf("Hi, world");
7       printf("\b\b\b\b\b everyone\n");
8
9       return 0;
10  }
```

2.

```
1   //p2-2.c
2   #include <stdio.h>
3   int main()
4   {
5       printf("    /\\\n");
6       printf("   /  \\\n");
7       printf("  /    \\\n");
8       printf(" /      \\\n");
9       printf("+========+\n");
10
11      return 0;
12  }
```

3.

```
1   //p2-3.c
2   #include <stdio.h>
3   int main()
4   {
5       short int si = -1;
6       int i = 2147483646;
7       printf("%hd\n", si);
8       printf("%hu\n", si);
9       printf("%d\n", i+1);
10      printf("%d", i+2);
11
12      return 0;
13  }
```

4.

```
1   //p2-4.c
2   #include <stdio.h>
3   int main()
4   {
5       float fnum = 123.456;
6       double dnum = 123.456;
7       printf("%f\n", fnum);
8       printf("%f\n", dnum);
9
10      return 0;
11  }
```

2.10　程式實作

1. 將常數 100 以十進位、八進位和十六進位輸出。

2. 若有一 short int 的變數 si，其值為 32776，當以 %hd 印出時結果為何？試撰寫一程式測試之。

3. 若有一 short int 的變數 si，其值為 -6，當以 %hu 印出時結果為何？試撰寫一程式測試之。

03

格式化輸入輸出

程式必須藉由輸入／輸出 (I/O) 的技巧才能與外界溝通。輸入的設備包括鍵盤、磁碟、磁帶、掃描器 (scanner) 等等，傳送進來的資料經過電腦內部處理後，進而利用對人類有意義的符號加以輸出，一般常見的輸出媒介是螢幕、印表機等等。

本章的重點將放在 ANSI C 提供的兩個輸出入函式，它們都具有格式化的特性，也就是說，它們能同時處理不同型態的資料：printf( ) 與 scanf( ) 在許多方面十分類似，為了簡單起見，我們將以 printf( ) 作為主角。

3.1　轉換規格

函式 printf() 和 scanf() 的工作方式頗為雷同，它們的參數都是由一個控制字串以及數個資料串列組合而成：

```
printf(format,item1,item2,...,itemN);
scanf(format, item1,item2,...,itemN);
```

其中的 format 為一個字元字串，亦即由雙引號圍起的字元集合，就 printf() 函式而言，字串內的字元都會顯現於螢幕上，除了某些特殊的轉義序列 (第 2 章已說明) 字元可能與原始程式上看到的情形有些出入；此外，凡是由 '%' 符號開頭的字元，乃代表某種特殊的轉換規格 (conversion specifications)，例如：代表十進位整數的 %d，代表字元的 %c，以及代表浮點數的 %f 等等。位於 format 控制字串後面的 item1, item2, … itemN 則為待列印資料，它們可以是常數、變數、或是任何形式的運算式。

控制字串內的轉換規格種類非常多，而且也有豐富的變化，在這一節裡，我們先把所有的轉換型態整理出來如表 3-1，至於其他的變形則慢慢來討論：

表 3-1　轉換規格的型態欄位

型態字元	代表意義
%c	單一字元。 例：printf("%c", 'A'); => A
%d	有正負號之十進位整數 例：printf("%d %d", 10, -10); => 10 -10
%e	科學記號 (小寫 e) 例：printf("%e", -76.506014); => -7.650601e+001
%E	科學記號 (大寫 E) 例：printf("%E", -0.0014); => -1.400000E-003

型態字元	代表意義
%f	小數點型式，產生 6 位小數 例：printf("%f", 14.0); => 14.000000
%o	無正負號八進位數值
%u	無正負號十進位數值
%x	十六進位整數 (小寫表示)
%X	十六進位整數 (大寫表示)

我們就用實際的例子來實驗：

```
1    /* ch3 printfs.c */
2    #include <stdio.h>
3    int main()
4    {
5        char ch1='a', ch2='A';
6        int i=31, j=-1;
7        float num = 123.456;
8        double num1 = 123.456;
9        char str[30] = "This is a car ... Maserati";
10
11       /* output character */
12       printf("     Format conversion...\n\n");
13       printf("     Character : %c %c\n\n", ch1, ch2);
14
15       /* output integer number */
16       printf("     Decimal    : %d %d\n", i, j);
17       printf("     Unsigned   : %u %u\n", i, j);
18       printf("     Octal      : %o \n", i);
19       printf("     Hexdecimal : %x \n", i);
20       printf("     Hexdecimal : %X \n\n", i);
21
22       /* output floating point number */
23       printf("     Float  : %f %e %E\n", num, num, num);
24       printf("     Double : %f %e %E\n\n", num1, num1, num1);
25
26       /* output string */
27       printf("     String : %s\n\n", str);
28
29       /* output % symbol */
30       printf("     Percent : 100%%\n\n");
31       return 0;
32   }
```

程式中有一條宣告敘述是這樣的：

```
char str[30] = "This is a car ... Maserat";
```

這是字串 (string) 的宣告與初始方式之一，在 C 語言裡，所謂的字串實為字元組成的陣列 (array)，似乎有點離題了；現在您只要知道 C 語言的字串可以如此宣告與設定，並與 printf() 中的 %s 相對應即可。

底下就把輸出結果列出來，您可以和原始程式一列列對應：

```
Format conversion...

Character  : a  A

Decimal    : 31  -1
Unsigned   : 31  4294967295
Octal      : 37
Hexdecimal : 1f
Hexdecimal : 1F

Float    : 123.456001  1.234560e+002  1.234560E+002
Double   : 123.456000  1.234560e+002  1.234560E+002
String   : This is a car ... Maserati

Percent : 100%
```

此乃由於我們將預設的 double 浮點數常數指定給 float 資料型態的變數 num，而且以 %f 印出會產生誤差，可從 float 的輸出結果 123.456001 得知。

有一點值得一提：百分符號 (%) 乃用來作為轉換規格的特性記號，假使我們真的想要印出 '%' 本身，就必須連續寫出兩個 '%'，如同程式中的最後一條 printf() 敘述：

```
printf(" Percent : 100%%\n\n");
```

雖然字串內出現兩個 '%' 符號，但在顯示時僅會產生一個，結果是這樣的：

```
Percent : 100%
```

　　使用 printf() 作為輸出函式的好處是它允許同時處理不同型態的資料，同時也可藉由各種轉義序列字元控制游標的動向。其實，printf() 的威力不只於此，它還可利用額外的轉換規格修飾詞，來產生更美觀與實用的輸出結果，我們將於下一節討論。

3.2　轉換修飾詞

　　函式 printf() 不僅能單純地印出轉換後的各種資料型態，同時也可以指定特殊的輸出格式，藉由插入適當的訊息於 % 符號與轉換字元之間，就足以改變基本的輸出外觀。

　　表 3-2 和表 3-3 便綜合了允許採用的轉換修飾詞：

表 3-2　介於 % 與轉換字元間的修飾詞

欄位	意義
旗幟 (flags)	一個或數個不等的 +、-、#、以及 0
寬度 (width)	列印數值所佔有的最小寬度
精確度 (precision)	精確度
型態大小 (size)	用以修飾後面的轉換字元。本欄位允許 h、l 等型態字元，以區別 short、long 以及 double 等等

表 3-3　h 與 l 型態字元的用法

型態字元	使用方法
h	用於 %d，以 %hd 列印 short int 數值；或是用於 %u，以 %hu 列印 unsigned short int 數值
l	用於 %d，以 %ld 列印 long int 資料；或是用於 %f，以 %lf 強迫指定 double 而非預設的 float

　　有關旗幟、寬度及精確度等欄位將會有更詳細的說明。

　　小寫的 l 修飾詞因使用的時機而有不同的意義：當它與整數型態混用時，代表的是 long int 型態規格；至於和浮點數配合時，則強迫為 double 型態。接下來我們就分別以兩個小節來說明前面三個欄位的用法。

3.3　旗幟欄位與寬度

　　首先簡單地介紹寬度 (width) 的意義；這是一個整數值，它強迫設定了資料輸出時應佔有的最小空間，譬如下面的單純敘述：

```
printf("%d", 100);
```

輸出時的數值僅佔有三個字元，即：

1	0	0

但若我們在 % 和 d 中間加入某個數值，譬如：

```
printf("%5d", 100);
```

結果便成為

		1	0	0

　　系統會保留 5 個字元寬度，輸出的資料則向右方靠齊，不足的部分便以空白填滿；這些預設情況可以利用旗幟 (flags) 欄位加以改變，flags 欄位中允許 5 種修飾詞，我們將它整理成表 3-4：

表 3-4　flags 欄位

flag	意義	預設情況
-	輸出資料向左靠齊	向右方對齊
+	當輸出資料為數值時，將強迫加上正負符號	僅有負數才有 '-' 號
#	轉換字元為 %o、%x、%X 等時，將列印字首小 0、0x、或 0X 數值若型態是 %e、%E、以及 %f，本欄位將強迫小數點出現	當擁有小數部分時，才列印點數
0	對於數值資料，將以數字 0 補足不足的寬度，而非使用空白。如果已使用其他旗幟，或是指定了整數形式的精確度，則此旗幟將被忽略	以空白補足剩餘的寬度

馬上來看一個例子，就會清楚些了：

```
1    /* ch3 flag1.c */
2    #include <stdio.h>
3    int main()
4    {
5        int pos = 77;
6        int neg = -5060;
7
8        printf("|123456789|\n\n");
9
10       printf("|%d|\n", pos);
11       printf("|%2d|\n", pos);
12       printf("|%8d|\n", pos);
13       printf("|%+8d|\n", pos);
14       printf("|%+-8d|\n", pos);
15       printf("|% -8d|\n\n", pos);
16
17       printf("|%d|\n", neg);
18       printf("|%2d|\n", neg);
19       printf("|%8d|\n", neg);
20       printf("|%-8d|\n", neg);
21       return 0;
22   }
```

　　程式中每一條 printf() 都以 | 記號標示寬度的大小，這樣比較能看清各個修飾詞的作用。本程式共使用 +、-、空格三種欄位，並配合寬度的設定。輸出如下：

```
|123456789|

|77|
|77|
|      77|
|     +77|
|+77     |
| 77     |

|-5060|
|-5060|
|   -5060|
|-5060   |
```

首先看到第四條 printf()：

```
printf("|%8d|\n", pos);
```

出現的情形是共有八個字元的空間被保留，實際的數值向右邊靠；接下來的 printf() 多加了 + 旗幟，於是輸出時便出現正號 (+)。再來的兩條 printf() 則是測試一旗幟和空格，它會迫使輸出向左方對齊，後面的空間則保留下來；注意到 + 與 - 這兩個旗幟是可以合用的。

繼續的四條 printf() 中，較值得注意的是

```
printf("|%2d|\n", neg);
```

neg 數值本身至少佔有 5 個字元 (-5060)，但寬度修飾詞僅設為 2，執行的結果是忽視寬度的強制要求，而以資料本身應該佔有的空間為標準。寬度欄位的意義就是 "至少" 佔有指定的長度，如果有所不足，則此欄位沒有作用。

再來看看其他的旗幟的效應。還是用範例做說明：

```
1   /* ch3 flag2.c */
2   #include <stdio.h>
3   int main()
4   {
5       int decimal = 31;
6
7       printf("Flags...\n\n");
8       printf("|%d|\n",decimal);
9       printf("|%8d|\n",decimal);
10      printf("|%#8o|\n",decimal);
11      printf("|%#8x|\n",decimal);
12      printf("|%08d|\n",decimal);
13      printf("|%+08d|\n",decimal);
14      return 0;
15  }
```

%o，%#x，%#X 等規格的用法在第 2 章曾說明過，這裡就做個全盤性的總結。最後一個 printf() 敘述採取 0 旗幟，我們趕快看看它的影響：

```
Flags...

|31|
|        31|
|       037|
|      0x1f|
|00000031|
|+0000031|
```

　　果然會以數字 0 補足剩餘的寬度空間。注意到旗幟 0 僅能單獨使用，若是再加上其他旗幟，則其效應將會消失。

3.4　精確度欄位

　　本欄位的形式為小數點後面加上指定的精確度，最容易理解的就是浮點數的列印，例如

```
printf("%10.5f",value);
```

　　將會印至小數點後 5 位，而整個資料所佔的空間則為 10。底下有個綜合的例子：

```
1    /* ch3 width1.c */
2    #include <stdio.h>
3    int main()
4    {
5        double fl = 123.4567;
6
7        printf("|%f|\n",fl);
8        printf("|%15f|\n",fl);
9        printf("|%-15f|\n",fl);
10       printf("|%-15.8f|\n",fl);
11       printf("|%-6.2f|\n",fl);
12       printf("|%+-15e|\n",fl);
13       printf("|%+-15.3e|\n",fl);
14       return 0;
15   }
```

　　前一節介紹的旗幟欄位仍然能夠使用於此處，產生的結果是這樣的：

```
|123.456700|
|      123.456700|
|123.456700      |
|123.45670000    |
|123.46|
|+1.234567e+002  |
|+1.235e+002     |
```

　　預設的情況下，%f 規格的精確度設定為小數點後 6 位，並以四捨五入的原則加以截位。我們可以利用修飾詞改變這種預設值，像程式中第四與第五個 printf()，不難看出精確度欄位的效果，四捨五入的原則仍然適用。

　　最後兩個 printf() 乃利用 %e 來運作，預設的精確度是 6 位小數，而 %20 .3e 表示將只出現了 3 位小數。

　　精確度欄位的用法並非僅限於此，當它與不同型態規格配合時，將會有不同的意義。如表 3-5 所示：

表 3-5　精確度的意義

型態	意義	預設情況
%c	忽略此欄位	列印單一字元
%d、%u、%o、%x、%X	欲列印的最小位數，當列印數值小於指定之精確度時，將在左方加上空白。若數值大於指定之精確度時，則全數列印而不截斷	精確度預設為 1
%e、%E	小數點後的位數，若精確度指定為 0、或是小數不存在時，小數點將被省略	精確度預設為 6
%f	小數點後的位數	精確度預設為 6
%s	精確度代表欲列印字元的最大個數；亦即僅會印出指定數目的字元	列印整個字串

　　我們先來看看比較單純的 %s，底下有個例子將說明的很清楚：

```
1    /* ch3 width2.c */
2    #include<stdio.h>
3    int main()
4    {
5        char *str = "Learning C now!";
```

```
6
7        printf("|%s|\n", str);
8        printf("|%18s|\n", str);
9        printf("|%-18s|\n", str);
10       printf("|%-18.8s|\n", str);
11       printf("|%18.8s|\n", str);
12       return 0;
13   }
```

結果是這樣的：

```
|Learning C now!|
|    Learning C now!|
|Learning C now!    |
|Learning          |
|          Learning|
```

可以看到最後兩列 printf() 敘述，它們都設定了 8 位的精確度，所以整個字串只有 8 個字元出現。

本節的最後一個例子將綜合前面兩個小節的說明，在輸出結果顯示前，您不妨先預測一下可能發生的情況：

```
1    /* ch3 width3.c */
2    #include<stdio.h>
3    int main()
4    {
5        double fl = 168000;
6
7        printf("|%15f|\n", fl);
8        printf("|%-15.0f|\n", fl);
9        printf("|%-#15.0f|\n", fl);
10       printf("|%-15.4f|\n", fl);
11       printf("|%-15.4e|\n", fl);
12       return 0;
13   }
```

特別值得注意的是 # 旗幟的應用：

```
|   168000.000000|
|168000         |
|168000.        |
|168000.0000    |
|1.6800e+005    |
```

　　您可以看到當 # 與 %f 配合時，如何強迫小數點的列印。

　　函式 printf() 的格式是多采多姿的，printf() 中的 f 為 format(格式) 的縮寫。若能充分掌握 printf() 函式的運作，您的程式在執行時必將擁有更友善的介面。

3.5　函式 scanf()

　　printf() 函式主要功能是作為輸出之用，而相對應的輸入函式則為 scanf()，它的參數型態與 printf() 差不多。

```
scanf(format, item1, item2, ...., itemN);
```

　　format 仍然是一個控制字串，其中還是由 % 和轉換字元組合而成，後面的每一項資料都要與前面的轉換規格吻合。

　　和 printf() 間最重要的一點差異是 scanf() 中的資料項都必須是變數的位址；目前我們所知的作法就是在單純變數前加入 & 運算子。請看底下的範例：

```
int num;
```

　　我們宣告了 int 型態的變數 num，若想由鍵盤讀入 num 的數值，就該這麼做：

```
scanf("%d", &num);
```

　　單引號內的 %d 意謂著程式將等待一個十進位整數的輸入，至於輸入的資料則放在 &num 這個位址上，從此之後，變數便擁有剛剛輸入的數值。千萬別寫成

```
scanf("%d", num);
```

　　這是初學者常犯的錯誤。

　　scanf() 的控制字串與 printf() 十分類似，都允許具有選擇性的欄位，至於型態字元方面，則歸納於表 3-6：

表 3-6　scanf() 控制型態字元

型態字元	代表意義
%c	單一字元，包括空白 (' ')、跳位 ('\r') 以及新列 ('\n') 等字元均會被讀取
%d	十進位整數
%f	float 的浮點數
%lf	double 的浮點數
%o	八進位數值
%x	十六進位數值
%u	無號十進位數值
%s	字串

　　這麼多的轉換規格中，最常用的還是 %d、%f、%lf 以及 %s；其中 %s 規格所指的字串並非標準的字串 (由空字元 '\0' 結尾的字元陣列)，而是由空白字元分隔的部分字串。

　　底下舉出一些 scanf() 的使用方法，您應該特別留意 & 記號出現的地方：

```
1   /* ch3 scanfs.c */
2   #include <stdio.h>
3   int main()
4   {
5       int num1, num2;
6       double fl;
7       char str[20];
8
9       printf("Input two number: ");
10      scanf("%d %d", &num1, &num2);
11      printf(" ===> %d + %d = %d\n\n", num1, num2, num1+num2);
12
13      printf("Input a floating point: ");
14      scanf("%lf", &fl);
15      printf(" ===> %lf is %e\n\n", fl, fl);
16
17      printf("Input a string: ");
18      scanf("%s", str);
19      printf(" ===> %s \n\n", str);
20
21      printf("Accept only 10 chars: ");
22      scanf("%10s", str);
23      printf(" ===> %s\n", str);
24      return 0;
25  }
```

程式大致上沒有問題。特別注意的是：輸入 double 的數值，其對應的格式為 %lf。還有比較奇怪的是下面這一條宣告：

```
char str[20];
```

中括號的涵義是陣列 (array)，str 是該陣列的名稱，中括號中的 20 則為陣列的大小，至於 char 則指出陣列中的每一個元素均為 char 型態；整個宣告導致了 20 bytes 的連續記憶體裝置，如圖 3-1 所示：

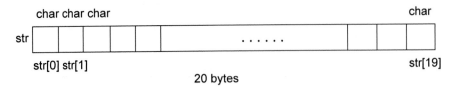

圖 3-1　陣列表示法

在 C 語言裡，這正是字串的宣告方法，我們若想為該字串讀入適當的訊息，可用 scanf() 配合 %s 規格來完成：

```
scanf("%s", str);
```

特別注意到：此處的 str 並沒有寫成 &str，這是一個值得注意的地方；原因是由於陣列的名稱本身即為位址。如果您無法了解它的實際工作原理，其實也沒有關係，現在您只要記得除了字串之外，其他的基本型態變數前一定要加上 &。有關陣列的描述請參閱第 8 章陣列。

程式 scanfs.c 的執行情形是這樣的：

```
Input two number: 100 200
 ===> 100 + 200 = 300

Input a floating point: 123.456
 ===> 123.456000 is 1.234560e+002

Input a string: interantionalization
 ===> interantionalization

Accept only 10 chars: internationalization
 ===> internatio
```

最後一個 scanf() 敘述在讀取 %s 時還指定了寬度：

```
scanf("%10s", str);
```

寬度與 %s 合用時的意義是最多僅接受指定個數的字元，本例中指定的寬度爲 10，雖然我們輸入了 abcdefghijklmnopq 共 17 個字元，但實際上則只有前 10 個字元會被接受，從接下來的 printf() 輸出可以看得明白。

3.6　特殊的 * 修飾詞

函式 printf() 和 scanf() 都允許 '*' 這種修飾詞，到目前爲止，我們都尙未接觸它，最主要的原因是該修飾詞在 printf() 與 scanf() 中分別有不同的意義，我們先來討論 printf()。

假設程式中想要指定欄位寬度，但事先卻又不知道應該預留多少空間，在這種情形下，我們就可以利用 * 代替寬度值，然後在後面以一個參數告知確實的數值，譬如說：

```
printf("%*d", 10, 100);
```

結果就是 10 與 * 配對，100 與 %d 配對，效應相當於

```
printf("%10d", 100);
```

當然了，用常數 10 來取代並沒有什麼幫助，不過您可以另外宣告一個變數值而機動決定寬度的數值。例如底下的程式：

```
1    /* ch3 star1.c */
2    #include <stdio.h>
3    int main()
4    {
5        int width, precision;
6        double d_num = 1234.56789;
7
8        printf("Source Number: %f\n\n", d_num);
9        printf("Input the width : ");
10       scanf("%d", &width);
11
```

```
12      printf("Input the precision: ");
13      scanf("%d", &precision);
14
15      printf("\nFormat ===> \"%%-%d.%df\"\n", width, precision);
16      printf(" Formatted Number: |%-*.*f|\n", width, precision, d_num);
17      return 0;
18  }
```

　　* 不僅可以取代寬度，也能取代精確度。程式 star1.c 就是這種情形，我
們先讀入 width 和 precision 兩個變數的值，然後呼叫 printf() 加以格式化列印：

```
printf("%*.*f", width, precision, d_num);
```

最後一個參數 d_num 乃相對於基本的 %f 規格。執行的範例是這樣的：

```
Source Number: 1234.567890

Input the width : 12
Input the precision: 2

Format ===> "%-12.2f"
  Formatted Number: |1234.57      |
```

　　接下來就要談及 * 修飾詞應用於 scanf() 的情形，它和 printf() 截然不同。
當 * 符號出現於 % 和轉換字元之間時，scanf() 將忽略該項資料的輸入，舉
例來說

```
int num1, num2;
scanf("%d %*d %d", &num1, &num2);
```

雖然有三組 %d，但後面只有兩個指標參數，因為第二個 %d 中間有個 * 記號，
如果我們輸入三個整數值：

```
10 20 30
```

　　那麼第二個數值 20 將被略過，而把 10 設定給 num1，以及設定 30 給
num2。或許看一個實際的例子會較為清楚：

```
1   /* ch3 star2.c */
2   #include <stdio.h>
3   int main()
```

```
4   {
5       char name[20];
6
7       printf("What's your name? ");
8       scanf("%*s %*s %s", name);
9       printf("\nGod! Your name is %s.\n", name);
10      return 0;
11  }
```

　　我們希望程式先略過前面兩個字串 (%*s)，而僅讀取第三個。實際執行後看看是否真的如此：

```
What's your name? Bush Obama Bright

God! Your name is Bright.
```

　　的確是這樣。再強調一次，字串名稱 (或陣列名稱) 前面不必再加上 & 運算子；此處的 name[20] 陣列僅宣告為 20 個字元的空間，但只能輸入 19 個字元，因為最後要放結束字元 '\0'，所以不要企圖輸入大於 19 個的字元。詳見第 8 章陣列。

　　printf() 和 scanf() 中，* 修飾詞的功能似乎不是那麼顯著，使用的機會也不太多，但有些時候或許能派得上用場。

3.7　printf() 與 scanf() 的回傳值

　　C 語言裡，所有的函式都有其回傳值 (return value)，這個值正如同普通的數值，可以再行指定給其他的變數，或是執行各種數值運算。回傳值本身也有型態，本節所要討論的 printf() 與 scanf() 兩個函式，它們的回傳值均為 int 型態，這個回傳值有其價值所在。

```
1   /* ch3 value1.c*/
2   #include <stdio.h>
3   int main()
4   {
5       int i=100, j=200;
6       char str[] = "Stanford University";
7       int printf_value;
```

```
8
9        printf_value = printf("%s\n", str);
10       printf("Return value is %d\n", printf_value);
11
12       printf_value = printf("%d + %d = %d\n", i, j, i+j);
13       printf("Return value is %d\n", printf_value);
14       return 0;
15  }
```

　　printf() 的回傳值可指定給另一個 int 變數，稍後再經由另一個 printf() 把該值印出來：

```
Stanford University
Return value is 20
100 + 200 = 300
Return value is 16
```

　　第一個回傳值為 20，但是仔細算來，一共只有 19 個字元？不要忘了最後還有一個結束字元 '\0' 也必須算進去。第二個回傳值為 16，因為共輸出 16 個字元。

　　函式 scanf() 的回傳值在意義上完全不同，該值乃代表所成功讀取的資料個數；談到這一點，就有必要討論 scanf() 的工作理論。

　　假設我們以 %d 讀取一個整數，scanf() 會把鍵盤上敲入的字元一一拿來分析，首先把所有的空白字元 (包括空格、新列、以及跳位等字元) 略過，直到第一個非空白字元出現為止；由於想要取得的是十進位有號整數，因此 +、-、以及 0~9 等字元可能都是合法的，scanf() 將掃描過所有的合法字元，並將它們儲存起來，這種過程一直持續到遇見不合法的字元為止，如此表示該數值已經結束。

　　對於最後看到的不合法字元，scanf() 並不會把它丟棄，而是再行將之塞回輸入字串中，以便下一次的 scanf() 讀取，scanf() 便把方才搜集到的各個合法字元加以轉換，計算出實際的數值後，再放到後面指定的 int 變數內。

　　對於其他型態的輸入而言，scanf() 可能又會額外認得 e、E、a~f，以及 A~F 等字元為合法字元。如果第一個字元即為不合法的字元，或是待轉換的字元沒有意義時，scanf() 將無法成功地讀取該項資料；回到 scanf() 的回傳值，該值即為已成功讀取的資料個數。如果沒有資料能成功讀取，那麼回傳值將會為 0。

　　我們提出一個簡單的範例做說明：

```
1    /* ch3 value2.c*/
2    #include <stdio.h>
3    int main()
4    {
5        int scanf_value;
6        int i = 10;
7        int j = 20;
8        int k = 30;
9
10       printf("Input three decimal value: ");
11       scanf_value = scanf("%d %d %d", &i, &j, &k);
12       printf("\nReturn value is %d.\n", scanf_value);
13       printf("   i = %d\n", i);
14       printf("   j = %d\n", j);
15       printf("   k = %d\n", k);
16       return 0;
17   }
```

　　執行時故意輸入一項不正確的資料：

```
Input three decimal value: 123 -456 abc

Return value is 2.
   i = 123
   j = -456
   k = 30
```

　　最後的 abc 完全不符合 %d 的要求，因此該項資料無法讀取，所以 scanf() 的回傳值僅為 2；注意到：變數 k 仍舊維持它的初始值，亦即錯誤的輸入並不會影響原本的資料。

　　順帶提出一點，若以 %c 讀取字元，scanf() 將視所有的空白字元 (空格、新列以及跳位) 為合法字元，因此

```
scanf("%c", &ch);
```

　　將讀入實際的第一個字元；至於若是想僅讀取第一個出現的非空白字元，則可以在 %c 前以空格加以指示，例如：

```
scanf(" %c", &ch);
```

　　就可以把第一個非空白字元讀入 ch 中。例如你輸入 ＿＿＿b，前面的三個空白將會被忽略，而將 b 指定給 ch 變數。

　　scanf() 的回傳值擁有很重要的應用價值，它能用來避免許多不當的動作，尤其是交談式的程式更常利用此種特性。

3.8　轉換的意義

　　我們一再強調，不論資料的型態是什麼，當它們存在於記憶體內部時，始終是以二進位形式在運作。譬如 short int 的數值 65 的二進位形式為 00000000100001，若用 %d 來列印，那麼 printf() 就會以 6 和 5 的字元形式顯現出來；假使採取 %c 規格，這時候螢幕上看到的則為單一字元 'A' (ASCII 碼為 65)。與其說是 " 轉換 " 動作，倒不如說是 "轉譯" 還來得貼切。

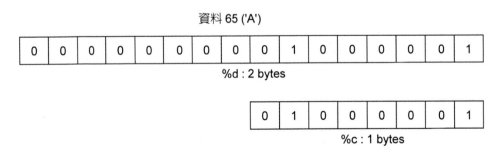

資料 65 ('A')

| 0 | 0 | 0 | 0 | 0 | 0 | 0 | 0 | 0 | 1 | 0 | 0 | 0 | 0 | 0 | 1 |

%d : 2 bytes

| 0 | 1 | 0 | 0 | 0 | 0 | 0 | 1 |

%c : 1 bytes

　　如果試圖以 %c 規格列印 int 數值時，會有什麼情況發生？看看底下的例子：

```
1    /* ch3 cut.c */
2    #include <stdio.h>
3    int main()
4    {
5        short int num = 321;
6
7        printf("Decimal: %d\n\n", num);
8        printf("Character: %c\n", num);
9        return 0;
10   }
```

short 的整數變數 num 的初始值是 321，二進位形式爲：

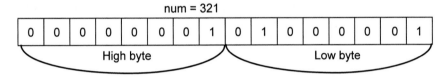

執行本程式的結果是這樣的：

```
Decimal: 321

Character: A
```

以 %c 規則列印 num 時，顯現的字元卻是大寫 'A'；因爲 num 之低位元組 (Low byte) 的二進位形式即爲 01000001，它正是字母 'A' 的 ASCII 碼。於是我們知道，若以 %c 規格來列印 int 數值，其發生的動作正如把 num 除以 256 後，再以其餘數作爲 %c 的相對應資料。本例中：

```
num = 321
321 ÷ 256 = 1...65
```

餘數 65 若以 %c 來顯現，正是我們看到的 'A'。

也可以視爲原來 short int 數值佔 2 個 bytes，而以 %c 印出，因爲字元只佔一個 byte，所以只取最低的 8 個位元。

3.9   摘要

本章以完整的內容介紹了 printf() 和 scanf() 的各種轉換規格，看起來似乎有點瑣碎，您並不需要強記每一種轉換規格或是修飾詞的意義，慢慢地您就會習慣它們。

修飾詞的使用在程式輸出時將有很大的幫助，等我們擁有更多的程式設計工具後，這些基本的知識便能發揮出來。

3.10　上機練習

1.

```
1   //p3-1.c
2   #include <stdio.h>
3   int main()
4   {
5       char c = '$';
6       printf("The original c is %c\n", c);
7       printf("%%c......|%c|\n", c);
8       printf("%%5c......|%5c|\n", c);
9       printf("%%-5c......|%-5c|\n", c);
10
11      return 0;
12  }
```

2.

```
1   //p3-2.c
2   include <stdio.h>
3   int main()
4   {
5       char string[20] = "computer science";
6       printf("The original string is %s\n", string);
7       printf("%%s------|%s|\n", string);
8       printf("%%8s------|%8s|\n", string);
9       printf("%%20s------|%20s|\n", string);
10      printf("%%-20s------|%-20s|\n", string);
11
12      return 0;
13  }
```

3.

```
1   //p3-3.c
2   #include <stdio.h>
3   int main()
4   {
5       int num = 12345;
6       printf("|%d|\n", num);
7       printf("|%8d|\n", num);
8       printf("|%-8d|\n", num);
9       printf("|%3d|\n", num);
10
11      return 0;
12  }
```

4.

```
1    //p3-4.c
2    #include <stdio.h>
3    int main()
4    {
5        double f = 678.90;
6        printf("%%f......|%f|\n", f);
7        printf("%%3.2f......|%3.2f|\n", f);
8        printf("%%7.2f......|%7.2f|\n", f);
9        printf("%%7.0f......|%7.0f|\n", f);
10       printf("%%*.1f......|%*.1f|\n", 7, f);
11       printf("%%*.*f......|%*.*f|\n", 7, 1, f);
12
13       return 0;
14   }
```

3.11　除錯題

1.

```
1   //d3-1.c
2   include <stdio.h>
3   int main
4   {
5       printf("Hello World!!!/n");
6       return 0;
7   }
```

2.

```
1   //d3-2.c
2   #include <stdio>
3   int Main()
4   {
5       int num = 100;
6       char letter = "a";
7       printf(" 這是一個數字 $d\n", num);
8       printf(" 這是一個英文字母 $c\n", letter);
9
10      return 0;
11  }
```

3.

```
1   //d3-3.c
2   #include <stdio.h>
3   int main()
4   {
5       INT num = 100;
6       printf(" 我只喝 %d%% 純果汁 \n", num);
7       /* 輸出結果應為 我只喝100% 純果汁 */
8
9       return 0;
10  }
```

4.

```
1   //d3-4.c
2   #include <stdio.h>
3   int main()
4   {
```

```
5      float num1 = 123.456
6      Double num2 = 234.567;
7      printf(num1 = %f\n, num1);
8      printf("num2 = %d\n" num2);
9
10     return 0;
11 }
```

5.

```
1   //d3-5.c
2   #include <stdio.h>
3   int main()
4   {
5       int num;
6       printf(" 請輸入一個整數值 : ");
7       scanf("%D", num);
8       printf(" 您輸入的整數值為 : %d\n", num)
9
10      return 0;
11  }
```

6.

```
1   //d3-6.c
2   #include <stdio.h>
3   int main()
4   {
5       char ch;
6       int int_num;
7       float float_num;
8       double double_num;
9       printf(" 請輸入一個字元 : ");
10      scanf('%c', ch);
11
12      printf(" 請輸入一個整數 : ");
13      scanf("%f", int_num);
14
15      printf(" 請輸入一個 float 浮點數 : ");
16      scanf("%f", float_num);
17
18      printf(" 請輸入一個 double 浮點數 : ");
19      scanf("%f", double_num);
20
21      printf("\n 您輸入的字元為 %c\n", ch);
22      printf(" 您輸入的整數為 %d\n", int_num);
23      printf(" 您輸入的 float 浮點數為 %f\n", float_num);
```

```
24      printf(" 您輸入的 double 浮點數為 %f\n", double_num);
25
26      return 0;
27  }
```

7.

```
1   //d3-7.c
2   #include <stdio.h>
3   int main()
4   {
5       int hour, min, sec;
6       int year, month days;
7       printf(" 請輸入現在時間 (hour:min:sec): ");
8       scanf("%d:%d:%d", &hour:&min:&sec);
9       printf(" 請輸入今天日期 (year-month-days): ");
10      scanf("%d-%d-%d", &year-&month-&days);
11      printf(" 您輸入的 float 浮點數為 %f\n", float_num);
12      printf(" 您輸入的 double 浮點數為 %f\n", double_num);
13
14      return 0;
15  }
```

8.

```
1   //d3-8.c
2   //debugged
3   #include <stdio.h>
4   int main()
5   {
6       int hour, min, sec;
7       int year, month, days;
8       printf(" 請輸入現在時間 (hour:min:sec): ");
9       scanf("%d:%d:%d", &hour, &min, &sec);
10      printf(" 請輸入今天日期 (year-month-days): ");
11      scanf("%d-%d-%d", &year, &month, &days);
12      printf(" 現在時間 : %d 點 %d 分 %d 秒 \n", hour, min, sec);
13      printf(" 今天日期 : 西元 %d 年 %d 月 %d 日 \n", year, month, days);
14
15      return 0;
16  }
```

3.12　程式實作

1.　試撰寫一程式,將下一個敘述

```
float f_num = 123.456;
```

以 printf("%f", f_num);
輸出其結果,並觀察其結果是否與原先的設定值相同。

2.　同 1,但此處將 f_num 的資料型態改為 double,如下所示:

```
double f_num = 123.456;
```

再觀察其輸出結果為何。

3.　試撰寫一程式測試,當輸入倍精確度浮點數 (double) 時,分別以 %f,和 %lf 為格式特定字,它們的輸出結果會有所不同嗎?

4.　試將下列三個句子使用 printf() 函式搭配欄位寬加以輸出:

```
C language          95.48
Accounting          89.72
Calculus            90.59
```

5.　試撰寫一程式,要求使用者利用 scanf() 函式輸入學號 (以字串方式表示),C 的平時考期中考及期末考成績,之後利用 printf() 函式輸出。

運算子

　　到目前為止，我們大致上已經了解 C 語言的各種資料型態了，也學會如何讀取或顯示這些資料；而在程式內部，就必須對資料加以處理，C 語言提供有為數眾多的運算子達成這些目的。運算子的功能可能是用來執行數學運算、重新設定變數的值、處理資料間的比較動作，與邏輯上的關係等等。

　　運算子 (operator) 是運算式 (expression) 中最重要的元素，它決定了資料的處理方式，譬如底下的加法運算式

```
a + b
```

加號 (+) 便是一個算術運算子，而 a 與 b 分別為左、右運算元 (operand)，運算元為運算子作用的對象；該運算式的意義就是先取得 a 與 b 的值，然後將它們相加，運算的結果又可以作為其他運算子的運算元。

　　本章將從基本的指定運算子開始，慢慢觸及 C 語言中許多基本的設計理念。

4.1　指定運算子

　　等號 (=) 常被誤認為 " 等於 " 的意思，但在 C 語言裡，它卻是一種執行數值設定的運算子，譬如說：

```
value = 100;
```

　　便會把 100 設定給變數 value，符號 "=" 謂之為 " 指定運算子 "(assign-ment operator)；它是一個二元運算子，也就是說，該運算子將接受兩個運算元，其中的左運算元必須是個變數，嚴格說起來，應該是資料儲存空間，ANSI C 採用了 lvalue (left value) 這個術語來指稱此類運算元，譬如：變數名稱便為合法的 lvalue，而常數則非。指定運算子右方的運算元則可以為常數、變數或任何運算式。下面的例子：

```
100 = value;
```

　　這種運算式完全沒有意義，在編譯過程間便會被偵測出來。至於

```
num = num + 1;
```

則是各種程式語言中常見的標準寫法；就數學關係來說，上述式子絕對不可能成立，但是對於電腦指令而言，它的意義卻是從變數 num 中取得數值，加上 1 之後，再放回 num，如圖 4-1 所示：

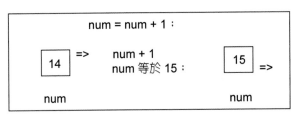

圖 4-1　num = num + 1 示意圖

4.2　算術運算子

　　關於普通的四則運算，也就是加、減、乘、除等，C 語言都有相對應的運算子，我們稱之為算術運算子如表 4-1 所示，它們的功能完全與數學的運算相同：

表 4-1　算術運算子

運算子	動作
+	加法
-	減法
*	乘法
/	除法

　　這些運算子都是二元的 (binary)，它們的寫法及意義與我們平常所理解的完全一致，看看下面的程式：

```
1    /* ch4 op4s.c */
2    #include <stdio.h>
3    #define PI 3.141592
4    int main()
5    {
6        int r1, r2;
7        double area1, area2;
8        double total, diff;
9
10       printf("Calculating areas of circles ...\n\n");
11       printf("  Input radius of first circle: ");
12       scanf("%d", &r1);
13       area1 = PI * r1 * r1;    /* math formula */
14       printf("  ===> The area of first circle is %.2f\n\n", area1);
15
16       printf("  Input radius of second circle : ");
17       scanf("%d", &r2);
18       area2 = PI * r2 * r2;    /* math formula */
19       printf("  ===> The area of second circle is %.2f\n\n", area2);
20
21       total = area1 + area2;
22       diff = area1 - area2;
23       printf("Total area is %.2f\n", total);
24       printf("Difference is %.2f\n", diff);
25       return 0;
26   }
```

　　程式中以 #define 指令定義了一個常數 PI，這一類的常數便不是所謂的 lvalue，因此它絕對不能出現在指定運算元的左邊

```
PI = 3.14;   /* 錯誤 */
```

程式中示範了加、減、乘、除等運算子，至於除法運算子則稍微需加注意，留待下一個範例說。程式 op4s.c 的執行結果如下：

```
Calculating areas of circles ...

  Input radius of first circle: 10
   ===> The area of first circle is 314.16

  Input radius of second circle: 8
   ===> The area of second circle is 201.06

Total area is 515.22
Difference is 113.10
```

　　接下來要討論除法運算子 (/)，以電腦指令而言，整數和浮點數的除法運算乃是採用兩套不同的計算規則，而對除法來說更為如此。

```
14.0 / 2 => 7.0
14 / 2 => 7
```

浮點數除式所得即為浮點數，而整數除式所得則仍然是整數，如下：

```
20 / 7
```

　　應該會得到多少呢？若是純粹整數的除法，也就是說左右兩個運算元在型態上均為整數，那麼最後答案必定是個整數，至於除不盡的小數部分則完全捨棄，這種過程稱為 " 截位 "(truncation)；所以前面的式子應該會得到答案 2(20/7=>2 餘 6)，注意到並沒有四捨五入這類動作發生。

　　試試下面的例子：

```
1    /* ch4 divide.c */
2    #include <stdio.h>
3    int main()
4    {
5        int op1 = 10;
```

```
6        int op2 = 4;
7        double op3 = 10.0;
8        double op4 = 4.0;
9
10       printf("Divide and Truncation ...\n\n");
11       printf("%d / %d = %d\n", op1, op2, op1/op2);
12       printf("%d / %.2f = %.2f\n", op1, op4, op1/op4);
13       printf("%.2f / %.2f = %.2f\n", op3, op4, op3/op4);
14       printf("%.2f / %d = %.2f\n", op3, op2, op3/op2);
15       return 0;
16   }
```

結果是這樣的：

```
Divide and Truncation ...

10 / 4 = 2
10 / 4.00 = 2.50
10.00 / 4.00 = 2.50
10.00 / 4 = 2.50
```

　　唯有當兩個運算元均為整數時，才會有截位的動作，成為整數型態的結果；另一方面，只要其中存在一個運算元為浮點數，那麼整個運算會以浮點數模式來處理。

　　除了四個基本的算術運算子外，另外還有兩個單元 (unary) 運算子 + 與 -，它們作用的對象僅為單一運算元。單元運算子 "-" 的影響為改變運算元的正負符號，也就是正負變號，譬如說：

```
num = 10;
value = -num;
```

　　最後 value 便會得到 -10。另一個 '+' 運算子則在實際情況下沒有任何作用。雖然單元運算子 '+' 與 '-' 在記號上與二元運算子 '+'、'-' 相同，但在編譯程式將會根據運算元的存在與否來判定它們的真正含義。

4.3　sizeof 運算子

這個運算子也是單元運算子，它的運算元是個資料型態或為資料物件 (object)，例如變數名稱等等。sizeof 將以位元組 (byte) 為單位，回傳其運算元的大小：

```
1   /* ch4 sizeof.c */
2   #include <stdio.h>
3   int main()
4   {
5       short short_num = 0;
6       int int_num = 0;
7       long long_num = 0;
8
9       printf("Operator sizeof in Byte(s)...\n\n");
10      printf("  Type <char>: %d Byte(s).\n", sizeof(char));
11      printf("  Type <short>: %d Byte(s).\n", sizeof(short));
12      printf("  Type <int>: %d Byte(s).\n", sizeof(int));
13      printf("  Type <long>: %d Byte(s).\n", sizeof(long));
14      printf("  Type <float>: %d Byte(s).\n", sizeof(float));
15      printf("  Type <double>: %d Byte(s).\n", sizeof(double));
16      printf("  Type <long double>: %d Byte(s).\n", sizeof(long double));
17
18      printf("\n");
19      printf("  Variable short_num: %d Byte(s).\n", sizeof short_num);
20      printf("  Variable int_num: %d Byte(s).\n", sizeof int_num);
21      printf("  Variable long_num: %d Byte(s).\n", sizeof(long_num));
22      return 0;
23  }
```

運算元出現的形式有兩種：若運算元本身即為型態名稱 (例如 int、float... 等等)，則一定要括於小括號內；至於若是變數名稱，那麼小括號的有無都沒有關係。

執行的結果是這樣的：

```
Operator sizeof in Byte(s)...

  Type <char>: 1 Byte(s).
  Type <short>: 2 Byte(s).
  Type <int>: 4 Byte(s).
  Type <long>: 8 Byte(s).
```

```
Type <float>: 4 Byte(s).
Type <double>: 8 Byte(s).
Type <long double>: 16 Byte(s).

Variable short_num: 2 Byte(s).
Variable int_num: 4 Byte(s).
Variable long_num: 8 Byte(s).
```

由本範例即可清楚地看到各種型態的實際大小。其實，sizeof 運算子所產生的值應該是 unsigned int 型態，不過在此以 %d 規格處理也沒有錯誤。以上是在 Dev-C++ 編譯程式所產生的結果，若使用不同的編譯程式，結果也許會有所不同。

4.4　餘數運算子

餘數運算子 (modular operator) 的表示記號為 '%'，同樣是二元運算子：

```
a % b
```

該運算子可取得 a 除以 b 後所留下的餘數，特別要注意的是：本運算子僅能作用於整數型態；換句話說，a 和 b 這兩個運算元都必須是整數資料。舉例來說：

```
14 % 3 => 2
```

因為 14 除以 3 將得到整數 4，並留下餘數 2。餘數運算子在程式設計上有著頗重要的貢獻，譬如說：我們想要控制輸出形式，使之每列剛好出現 8 個資料項，我們可以利用一個變數 count 記錄目前列印的資料項順位，然後每列測試 (count % 8) 是否為 0，若成立，則印出 '\n' 字元使輸出從下一列開始；等到下一章學過 if 敘述後，再來示範此種技巧。

這裡僅提出一個單純的應用，讓程式讀取以秒鐘為單位的時間長度，然後將之轉換為小時：分：秒的格式。利用簡單的常識：

1 小時 = 60 分

1 分 = 60 秒

應該可以用到餘數運算子。程式列表如下所示：

```
1    /* ch4 mod.c */
2    #include <stdio.h>
3    int main()
4    {
5        unsigned int sec, min, hour;
6
7        printf("Time conversion...\n\n");
8        printf("How many seconds :\n     ===> ");
9        scanf("%d", &sec);
10       min = sec / 60;
11       sec = sec % 60;
12       hour = min / 60;
13       min = min % 60;
14       hour = hour % 24;
15       printf("\n  %d hours, %d minutes, and %d seconds.\n", hour,
                                                    min, sec);
16       return 0;
17   }
```

變數 sec、min 以及 hour 的意義應該相當明確，我們提出兩重點敘述：

```
min = sec / 60;
sec = sec % 60;
```

第二個敘述即用到餘數運算子，經過此敘述之後的 sec 變數即存有正常的秒鐘讀數，這個值必定介於 0 到 59 之間。至於第一個敘述的除法，則使 min 取得分鐘總數，這個值可再詳細劃分爲時數與分鐘。

特別要小心的是：上面兩條敘述千萬別倒過來寫：

```
sec = sec % 60;     /* 錯誤順序 */
min = sec / 60;
```

如此一來，sec 的值在第一個敘述時便已改變，接下來再除以 60 也就不具有意義了。

程式接下來又分別處理時數和分鐘，其原理是相同的。試著輸入一值，看看能否達成目標：

```
Time conversion...

How many seconds :
    ===> 12345

  3 hours, 25 minutes, and 45 seconds.
```

4.5　遞增與遞減運算子

遞增 (減) 運算子應可說是 C 程式風格的一項特色，它使得程式碼更為簡潔。

++　遞增 (increment) 運算子

--　遞減 (decrement) 運算子

它們均為單元運算子，由於工作原理幾乎雷同，底下我們就針對 ++ 來做介紹。

遞增運算子僅完成一件單純的工作，亦即把某變數值加 1：

num++;

便相當於

num = num+1;

遞增運算子可依運算子的位置不同而有兩種形式：第一種是 ++ 出現於運算元前面，即所謂的 "前置" (prefix) 加型式；另一種則為 ++ 位於運算元之後，即 "後繼" (postfix) 加型式。

++num;　　　前置加型式

num++;　　　後繼加型式

就這兩條敘述而言，最後的結果都會使 num 的值增加了 1。前置加與後繼加不同之處在於加 1 運算發生的時機。當該運算子出現於運算式中時，後繼加型式的 num++ 會先以原始的 num 數值作用於整個運算式，然後才將

num 加 1；至於前置加型式的 ++num 則是將 num 的值加 1，接著以作用後
的數值帶入整個運算式。以一個例子來說明：

```
1    /* ch4 crement.c */
2    #include <stdio.h>
3    int main()
4    {
5        int x,y;
6        int result;
7        x = 3;
8        y = 5;
9        result = x * (y++);
10       printf("result = %d   x = %d   y = %d\n", result, x, y);
11
12       y = 5;
13       result = x * (++y);
14       printf("result = %d   x = %d   y = %d\n", result, x, y);
15       return 0;
16   }
```

一開始 x 的值為 3，y 的值為 5，經過第一個運算式後；

result = x * (y++);

此為後繼加型式，所以整個效果相當於

result = x*y;   /* y 等於 5 */

y = y+1;   /* y 等於 6 */

因此 result 的值等於 3*5，即 15，然後再執行 y++，所以 y 的值變成 6，
x 值仍舊不變：

```
result = 15   x = 3   y = 6
result = 18   x = 3   y = 6
```

接著執行到另一個運算：

result = x * (++y);

此時 x 等於 3，再將 y 設定為 5。由於該運算為前置加型式，所以效果
等同於

```
y = y+1;          /* y 等於 6 */
result = x*y;
```

經由開始的 ++y 後，y 值變成 6，所以最後的 result 會等於 3*6，即為 18；這便是輸出結果的由來。順便提到，假若遞增運算子沒有和指定運算子合併使用時，如：

```
num++;   或 ++num;
```

那麼前置加或後繼加並沒有什麼不同，最後都會把 num 加 1，同為敘述中沒有其他運算子；至於若是混合於其他運算子的敘述時，那就必須仔細考慮他們的真正效應。

同理，前置減和後繼減的運作方式和前置加與後繼加相同，我們就不再加以贅述。

4.6　優先順序

從小我們就知道先乘除後加減的四則運算，語言的四則運算子也有此種特性，舉例來說

```
a + b * c + d
```

真正的意思是說

```
a + (b * c) + d
```

以電腦術語來說，應該是乘、除運算子的優先順序高於加、減運算子。每一種運算子都有優先順序 (priority)。

當某兩個運算子共享一運算元時，優先順序決定了求值的先後順序；就前述例子而言，變數 b 是由第一個加號與乘號共享，由於乘號的優先順序高於加號，所以變數 b 會先被作用於乘法，而為被乘數；同樣的情形，變數 c 也優先屬於乘法，因而為乘數。

至於兩個運算子的優先順序相同時，求值過程又將如何進行呢？例如

```
a + b - c
x * y / z
```

這就牽涉到結合性 (associativity) 的問題，除了少數運算子 (如 =, ++, --, … 等等) 外，幾乎所有運算子的結合性都是由左而右；換句話說，前述二例的意思是

```
(a + b) - c
(x * y) / z
```

運算子的結合性可參閱表 4-2：

表 4-2　運算子的運算優先順序與結合性

運算子	運算優先順序	結合性
( )		由左到右
+(正)、-(負)		由左到右
*(乘)、/(除)		由左到右
+(加)、-(減)		由左到右
=		由右到左

我們還要提出一個問題：

```
a * b + c * d
```

這條式子毫無疑問應該是

```
(a * b) + (c * d)
```

但究竟是 (a * b) 先發生，抑或是 (c * d) 先運算呢？ C 語言並沒有嚴格要求其先後的順序，這完全取決於編譯程式的寫法；無論如何，最後的答案必定是一致的。

舉個例子來看看優先順序的影響：

```
1    /* ch4 priority.c */
2    #include <stdio.h>
3    int main()
4    {
5        int x=2, y=5, z=10;
6        int res1, res2;
7
8        res1 = x + y * x - z / x;
9        res2 = (x + y) * (x - (z / x));
10
11       printf("res1 = %d\n\n", res1);
12       printf("res2 = %d\n", res2);
13       return 0;
14   }
```

　　可以看到很親切的小括號，它的意義正如您我所能理解的一般。小括號擁有最高的優先順序，所以整個小括號內的運算必須先執行加以求值。您能自行算出答案爲何嗎？與輸出結果驗證看看：

```
res1 = 7

res2 = -21
```

過程是這樣的：

```
1.  x + y * x - y /x
    = 2 + 5 * 2 - 10 / 2
    = 2 + (5*2) - (10/2)
    = 2 + 10 - 5
    = 7
2.  (x + y) * (x - (z / x))
    = (2 + 5) * (2 - (10 / 2))
    = 7 * (2 - 5)
    = 7 * (-3)
    = -21
```

　　再來討論 ++ 與 --，和四則運算子比較起來，遞增 (減) 運算子的優先順序比較高，但低於小括號，例如

```
x + y--
```

眞正的意思是

```
x + (y--)
```

順便提出一點，上述例子若寫成

```
(x + y)--;
```

則非但沒有意義，而且是個嚴重的錯誤，如果該式成立，那麼應該轉換爲

```
(x + y) = (x + y) - 1;
```

還記得吧，指定運算子左邊的運算元一定是個變數名稱，而此處的 (x + y) 卻不符合此項要求，因爲它是已求出的值；這種寫法在編譯程式就會被偵測出來。

4.7 位元運算子

位元運算的功能與指標的威力可以說是 C 語言的兩大特色；指標能使程式接觸電腦內部記憶體空間，而位元運算則提供了控制硬體的基本能力。

C 語言共擁有四種位元運算子 (bitwise operator)：~(NOT)， &(AND)，|(OR)，以及 ^(XOR)，它們均運作於整數型態的資料上。另外還有兩個位移運算子 (shift operator)：<<(左移) 與 >>(右移)，它們能將位元內容分別向左或向右遞移指定的次數。

爲了說明的方便，我們在討論各種位元運算時，都假設作用的對象均爲 char 的型態；該型態佔用 8 個位元 (即一個位元組)，我們分別賦予這些位元個別的代號，由右往左從 0 開始編排如圖 4-2 所示：

7	6	5	4	3	2	1	0

圖 4-2　位元編排方式

當我們說位元 0 時即代表最右邊的低次位元 (low-order bit)；而位元 7 則爲最左方的高次位元 (high-order bit)。

底下就分別介紹位元運算子的功能與使用時機。

4.7.1　位元 NOT 運算子：~

運算子 ~ 僅需一個運算元，它會將運算元的每個位元做 0 與 1 的互換，如圖 4-3 所示：

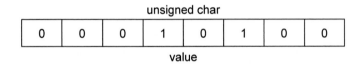

NOT (~)	0	1
	1	0

圖 4-3　~ 運算子功用

舉例來說，變數 value 的型態為 unsigned char，內含值是 20，二進位表示法將寫成：

unsigned char

0	0	0	1	0	1	0	0

value

如果以 ~ 運算子作用於 value 之上，就會變成底下的位元樣式 (bit pattern)：

unsigned char

1	1	1	0	1	0	1	1

~value

由於型態為 unsigned，所以 ~value 的值若解譯成十進位將為 235。特別注意到：所有位元運算子作用於運算元之後，都不會改變運算元原本的值；本例中的 value 仍然維持數值 20，至於 ~value 則可以再指定給其他變數。這個道理正如同 (value+10) 並不會使 value 變成 30，它僅會產生一個新值以供其他運算式使用。

如果想要改變 value 的值，就必須寫成

```
value = ~value;
```

如此一來，value 值就真的變成 unsigned char 十進值的 235。

4.7.2　位元 AND 運算子：&

　　運算子 & 是個二元運算子，對於左右兩個運算元而言，唯有在相對應的位元均為 1 的情形下，結果值的位元才會是 1。往後我們都以真值表 (True Table) 來表示位元運算子的功用，如圖 4-4 所示：

0	0		0
0	1		0
1	0		0
1	1		1

圖 4-4　AND(&) 功用

　　舉個例子來說：

0	1	1	0	0	1	0	0

&)

1	1	0	1	1	0	1	0

0	1	0	0	0	0	0	0

　　兩個運算元中唯有位元 6 的兩個位元都是 1，所有結果值的位元樣式裡，僅有該位元是 1，其餘位元則均為 0。

4.7.3　位元 OR 運算子：|

　　運算子 | 也是個二元運算子，它和 & 一樣，也會逐一比較兩個相對應的運算元，但只要其中有一個位元是 1 時，結果的相對應位元便為 1，如圖 4-5 所示：

0	0		0
0	1		1
1	0		1
1	1		1

圖 4-5　OR(|) 功用

再拿前面的例子做一比較：

0	1	1	0	0	1	0	0

	1	1	0	1	1	0	1	0

1	1	1	1	1	1	1	0

　　除了最右方 (即位元 0) 的位元為 0 之外，其餘的位元配對中，都至少出現一個 1，所以最後的結果只有位元 0 的位置出現 0，其餘都是 1。

4.7.4　位元 XOR 運算子：^

　　運算子 ^ 和 OR 運算子頗為類似，但是在逐一比對各個位元時，若是兩個位元值相同時，結果的位元方為 0，否則便是 1，如圖 4-6 所示。

0	0		0
0	1		1
1	0		1
1	1		0

圖 4-6　XOR(^) 功用

　　和 OR 的差別在於 1 與 1 的情況下，得到的結果卻是 0，因為兩個位元值相同。看看底下的例子：

0	1	1	0	0	1	0	0

^)	1	1	0	1	1	0	1	0

1	0	1	1	1	1	1	0

4.7.5　左位移運算子：<<

運算子 << 會將右側運算元的位元樣式向左遞移右側運算元指定的次數；右方空出來的位元則以 0 填補，而移出的位元則會遺失。譬如說 value << 2 == 80，如圖 4-7 所示：

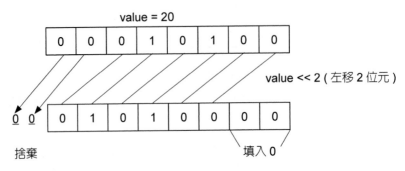

圖 4-7　左移 2 位示意圖

左位移的動作好比是把原來的數值乘以 2 的幾次方。

```
number << n
```

就如同將 number 乘以 2 的 n 次方。譬如前面的例子，value 的值為 20，經過向左移兩位後，結果就成為 $80(20 \times 2^2)$。

由於位元移位的速度遠比實際的乘法快，所以對於乘以 2 次方的運算來說，通常會採取位元位移運算子。

4.7.6　右位移運算子：>>

運算子 >> 會把左側運算元的位元樣式向右移動右側運算元指定的次數；右方移出的位元將遺失，而左方空出的位元則視資料型態而定。對於 unsigned 資料來說，左側將以 0 填入，如圖 4-8 所示。至於有號 (signed) 型態，則多半填進符號位元 (sign bit，即最左邊的位元) 的拷貝值，以便保證維持原始數值的正負符號，如圖 4-9 所示。

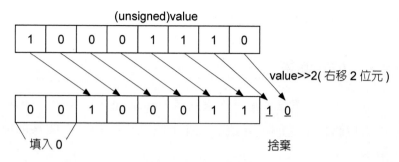

圖 4-8　unsigned 右移 2 位示意圖

假若是有號型態：

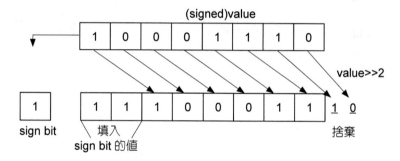

圖 4-9　signed 右移 2 位示意圖

　　同樣地，右位移的結果正如同將原始數值除以 2 的幾次方，拿前一個例子中的 unsigned value 而言，其值為 142(100001110)，而 (value >> 2) 的值就成為 35(00100011):

```
142 / 4 == 35
```

餘數將被捨棄 (或者說是轉型為 unsigned char)。因此

```
number >> n
```

就如同把 number 除以 2 的 n 次方。

4.8　位元運算子的用途

4.8.1　位元遮罩

位元 AND 運算子常常作爲遮罩 (mask) 使用，之所以稱爲遮罩，原因在於它可以將特定幾個位元遮蓋起來 (使之成爲 0)，而使其他位元原封不動顯現出來。

我們只要把欲顯現的位元以 & 運算子與 1 作用，而讓其他位元位置和 0 運算，就能達到遮蔽的效應。

舉個例子來說，我們想把變數 value 的奇數位元都遮蓋起來，而僅顯現偶數位元；首先要建立一個遮罩常數，假設該常數稱爲 MASK，其值設定爲

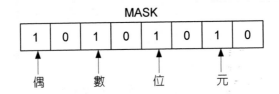

然後將 MASK 與 value 透過 & 運算子來作用

value： 0 1 0 0 1 1 1 0
&)MASK： 1 0 1 0 1 0 1 0
────────────────────
0 0 0 0 1 0 1 0

我們可以看到，結果值的奇數位元都清除爲 0，而偶數位元則與 value 的相對位元相同；道理很簡單，在 AND 邏輯運算之下，0 與任何數作用均得到 0；而 1 與其他數值作用則維持原來的值 (1 &1 == 1，1 & 0 == 0)。

4.8.2　打開特定位元

有時候我們會針對某些特定位元將其打開 (亦即設定為 1)，但維持其他位元不變，這類動作常應用於硬體控制的程式。位元 OR 運算子非常適合於這個動作，只要把遮罩上相對於欲打開的位元位置設定為 1，其他位置設為 0 就成了。

譬如說：我們想打開變數 value 的偶數位元，而保持奇數位元不變，那麼只要將遮罩設為 10101010，然後與 value 透過 | 運算子作用即可：

value	0	1	0	0	1	1	1	0
	)MASK	1	0	1	0	1	0	1	0

1	1	1	0	1	1	1	0

我們可以看到，偶數位元都設定成 1，而奇數位元仍保持原狀；理由也很簡單，在位元 OR 邏輯運算下，1 與任何值作用一定會得到 1；而 0 與其他值作用則維持不變 (0|0 == 0，0|1 == 1)。

4.8.3　關閉特定位元

這個動作與前述動作十分類似，我們只要把關閉的相對應位元設定 0，而使不變的位元設為 1，然後利用位元 AND 運算子作用即可。

例如現在想把變數 value 的偶數位元關閉：

value	0	1	0	0	1	1	1	0
&)MASK	0	1	0	1	0	1	0	1

0	1	0	0	0	1	0	0

可以看到偶數位元都被關閉了 (即清除為 0)，而奇數位元則維持不變。

4.8.4　位元反相

有時候我們想針對某些位元將其反相 (亦即原來打開的就把它關閉，而原來關閉的則將它打開)，並維持其他位元不變。觀察各種位元邏輯運算子的行為，可以發現 XOR 運算子正符合我們所需。

假定想把變數 value 的偶數位元反相，其他位元維持原狀，那麼只要使遮罩常數的偶數位元為 1，奇數位元為 0，再透過 ^ 運算子與 value 作用就行了：

value	0	1	0	0	1	1	1	0
^)MASK	1	0	1	0	1	0	1	0
	1	1	1	0	0	1	0	0

可以看到偶數位元已做 01 互換；因為 1^1 == 0，而 1^0 == 1；至於奇數位元則維持不變，理由在於 0^1 == 1，且 0^0 == 0。

4.8.5　檢查某個位元的狀態

假設我們想測試 char 變數 flag 的位元 3 是否為 1，我們可以設定這麼一個遮罩：

```
MASK = 8;   /* 00001000 */
```

但是千萬不能使用底下的測試：

```
if (flag == MASK)
    ...
```

因為即使 flag 的位元 3 是打開的，但測試的結果卻可能不成立，譬如 flag 的值為 40(00101000)，這個值雖然不等於 MASK，但它的位元 3 的確已經打開 (即值為 1)。正確的做法應該是：

```
if (flag & MASK)
    ...
```

只要 flag 的位元 3 為 1，那麼測試的結果就會成立；至於其他位元的狀態則因遮罩 MASK 的作用而不會有任何影響。

由這個例子就可以看出位元邏輯運算子與一般的邏輯運算子 &&(且) 和 ||(或) 大不相同，使用時一定要區分清楚。

4.9　運算式的值

運算式主要由運算子與運算元組合而成，不過最簡單的運算式卻是純粹的常數或變數：

```
14
50601
number
```

均為合法的運算式。由簡單的運算式即可發展出複雜的組合

```
5060 + 14
number++
(up + down) * height / 2
hour = min % 60
result = num++
```

C 語言裡有個重要的特性，那就是每個運算式都擁有一個值，單純的常數或變數，即為本身的值，而算數運算式則為計算後的結果，如表 4-3 所示：

表 4-3　運算式與其值

運算式	值
14	14
14+5060	5074
sizeof(int)	4

這些值都十分明顯。但是指定運算式的值又是什麼呢？其實它的值就是左邊變數最後接收到的結果，例如

```
x = 4 * 3
```

x 的值為 12，而整個運算式的值亦為 12。由於這種特性，使我們可以寫出下列的程式：

```
1    /* ch4 op_value.c */
2    #include <stdio.h>
3    int main()
4    {
5        int x,y,z;
6        int i,j;
7        x = y = z = -14;
8        printf("x = %d, y = %d, z = %d\n", x, y, z);
9
10       j = 3 * (i = 8 + 2);
11       printf("\ni = %d, j = %d\n", i, j);
12       return 0;
13   }
```

首先看到的是

```
x = y = z = -14;
```

它完全合法。記得前面曾經提過，指定運算子的結合性是由右到左，換句話說，各變數會依 z、y、x 的順序先後取得初始值，但初始值該是多少呢？z 的值為 -14，這個沒有問題，但 y 呢？由於指定運算式的值就是左方變數接收到的值，所以 (z = -14) 這條運算式的值應該也是 -14，因此上述式子可化簡為

```
x = y = -14;
```

重複同樣的過程，與分別取得。看看輸出結果便可知曉：

```
x = -14, y = -14, z = -14
i = 10, j = 30
```

接下來的

```
j = 3 * (i = 8 + 2);
```

也能用同理推導。小括號的優先順序最高，所以先執行

```
(i = 8 + 2)
```

i 取得數值 10，並且整個運算式的值也是 10，該值變成為小括號內求值後的結果，也就是

```
j = 3 * (10)
  = 30
```

雖然這種寫法似乎很奇怪，不過它卻是 C 程式中相當優美的風格，並有助於程式碼的簡化。

4.10　型態轉換

運算式或敘述中使用的常數或變數基本上最好都能具備同一型態；然而，許多不同的型態可以彼此混合。對於型態混用的情形，C 語言自有一套規則能夠處理得很好；基本的原則可歸納於下：

不論有號或無號的 char 和 short 型態，在運算前都會先轉換為相對的 int 型態；至於 float 型態則會轉換成 double。這類的轉型將變成較大的型態，一般稱之為「提昇」(promotion)。

運算式中若含有兩種型態，那麼將以等級較高的型態為準。型態等級的高低大致為

```
long double, double, float, unsigned long, long, unsigned int, int
```

型態 char 和 short 並沒有出現於上述串列中，因為它們早已轉型為 int 或 unsigned int。

在指定敘述中，計算的最後結果將轉換為與左邊變數相同的型態；此種過程可能導致精確度的喪失，通常稱作「降級」(demotion)。

除了 C 語言本身會自動處理型態轉換外，我們也可以明確加以指示；方式為透過 " 轉型運算子 "(cast operator)。轉型運算子僅需一個運算元，它可以是普通的常數或變數，也允許為複雜的運算式；一般的形式為

```
(type) expression
```

小括號內的 type 必須是實際的型態名稱，像是 long、int、以及 float。

譬如底下的例子，變數 result 乃宣告為 int 型態，首先

```
result = 1.4 + 3.8
```

浮點數 1.4 加 3.8 的結果應該得到 5.2，型態仍舊為 double 的浮點數；但 result 卻是 int 型態，於是此處便發生降級的情形，浮點數 5.2 被強迫截取為整數 5，然後指定給 result。

至於若是先以轉型運算子加以處理

```
result = (int) 1.4 + (int) 3.8;
```

那麼 1.4 和 3.8 在實際運算之前分別會轉換為 int 型態的常數 1 與 3，而最後相加的結果則使 result 等於 4。

對於型態間的互換，最好還是明確指明，特別是可能發生降級的情況；如果能掌握得很好，型態混合與轉換的技巧頗為有用。雖然 C 語言提供了如此自由的語法，但相對也增加使用者的負擔。

4.11　摘要

　　本章介紹了 C 語言的基本運算子，包括指定運算子與算術運算子，額外還說明 sizeof、%、以及 ++、-- 等運算子的用法。其中的 ++ 與 -- 較為複雜，不過卻相當好用，往後的程式中一定時常會見到它們。

　　我們討論了運算子優先順序的意義，也大略說明求值順序的處理原則，最後則強調 C 語言的任何運算式最後必將擁有一個值。C 語言裡還有為數不少的運算子，後面的章節裡會慢慢接觸到。

　　經過前面四章繁瑣的介紹，您已經擁有 C 語言的基本能力；從下一章開始，我們將真正地開始學著如何設計 C 程式，那時便不再如此枯燥無味！

4.12　上機練習

1.

```
1    //p4-1.c
2    #include <stdio.h>
3    int main()
4    {
5        double k;
6        k = 22/3;
7        printf("22/3 = %f\n", k);
8        k = 22/3.;
9        printf("22/3. = %f\n", k);
10
11       return 0;
12   }
```

2.

```
1    //p4-2.c
2    #include <stdio.h>
3    int main()
4    {
5        int x=3, y=5, z=7;
6        int a, b, c, d;
7        a = (x+y) * (x-z) / x;
8        b = x - (y-z)*z + x;
9        c = y/z+(--x);
10       d = z-x+y*x;
11       printf("x=%d, y=%d, z=%d\n", x, y, z);
12       printf("a=%d, b=%d, c=%d, d=%d\n", a, b, c, d);
13
14       return 0;
15   }
```

3.

```
1    //p4-3.c
2    #include <stdio.h>
3    int main()
4    {
5        char c1, c2;
6        int diff;
7        c1 = 'a';
8        c2 = 'A';
9        diff = c1 - c2;
```

```
10      printf("c1-c2 = %d\n", diff);
11
12      return 0;
13  }
```

4.

```
1   //p4-4.c
2   #include <stdio.h>
3   int main()
4   {
5       int i=100, total=0;
6       total = ++i + 1;
7       printf("total = %d, i = %d\n", total, i);
8       total = 0;
9       total = i++ + 1;
10      printf("total = %d, i = %d\n", total, i);
11
12      return 0;
13  }
```

5.

```
1   //p4-5.c
2   #include <stdio.h>
3   int main()
4   {
5       unsigned char a=100, b=50;
6       printf(" %d & %d = %d\n", a, b, a & b);
7       printf(" %d | %d = %d\n", a, b, a | b);
8       printf(" %d ^ %d = %d\n", a, b, a ^ b);
9       printf(" ~%d = %d\n", a, ~a);
10      printf(" %d >> 2= %d\n", a, a >> 2);
11      printf(" %d << 2 = %d\n", a, a << 2);
12
13      return 0;
14  }
```

4.13　除錯題

1.

```
1   //d4-1.c
2   //d4-1.c
3   #include <stdio.h>
4   int main()
5   {
6       /* 以下輸出結果應為 0.25 */
7       printf("1 除以 4 的答案為 %f\n", 1 / 4);
8
9       return 0;
10  }
```

2.

```
1   //d4-2.c
2   #include <stdio.h>
3   int main()
4   {
5       int num = 68;
6       num =+ 100;
7       printf("num 加上 100 並指定給 num 後為 %d\n", num);
8       num =- 100;
9       printf("num 減掉 100 並指定給 num 後為 %d\n", num);
10      num =* 10;
11      printf("num 乘上 10 並指定給 num 後為 %d\n", num);
12      num =/ 10;
13      printf("num 除以 10 並指定給 num 後為 %d\n", num);
14
15      return 0;
16  }
```

3.

```
1   //d4-3.c
2   #include <stdio.h>
3   int main()
4   {
5       int total = 20, num = 10;
6       total + num++;
7
8       /* 輸出結果應為 total = 31 */
9       printf("total = %d\n", total);
10
11      return 0;
12  }
```

4.

```c
1   //d4-4-ans.c
2   #include <stdio.h>
3   int main()
4   {
5       int num1 = 6, num2 = 8;
6
7       /* 以下若真回傳 1, 若假則回傳 0  */
8       printf("num1 小於或等於 num2: %d\n", num1 =< num2);
9       printf("num1 大於或等於 num2: %d\n", num1 => num2);
10      printf("num1 等於 num2: %d\n", num1 = num2);
11      printf("num1 不等於 num2: %d\n", num1 <> num2);
12
13      return 0;
14  }
```

5.

```c
1   //d4-5.c
2   #include <stdio.h>
3   int main()
4   {
5       int num1 = 11, num2 = 22, num3 = 33;
6       printf("num2 大於 num1 且 num2 大於 num3: %d\n",
7                 num2 > num1 and num2 > num3);
8       printf("num1 大於 num2 或 num2 大於 num1: %d\n",
9                 num1 > num2 or num2 > num1);
10
11      return 0;
12  }
```

4.14　程式實作

1. 輸入攝式溫度然後轉為華式溫度，並將其輸出。
   (提示：華氏溫度 = 9/5 * 攝氏溫度 + 32°)

2. 輸入下列三個科目的分數，C 語言、微積分、計概，而且每科所佔的權重 (weight) 為 0.4、0.3、0.3，試求其平均分數為何？

3. C 語言有平時作業、期中考、期末考、平時考，及上機測試，它們分別佔 0.2、0.2、0.25、0.15 及 0.2，試輸入每一項的分數後計算你 C 語言的分數是多少？

4. 三角形的面積為 (底 * 高) / 2，試輸入三角形的底和高，然後求出其面積。

5. 梯形的面積為 (上底 + 下底)* 高 /2，試輸入上底、下底及高，並求出其梯形的面積為何？

05

選擇敘述

我們的程式若能因應不同的狀況而採取適當的措施,那麼將更具有智慧。C 語言提供了 if、if…else、switch…case 等等選擇控制敘述,可配合各種關係運算子與邏輯運算子,使程式更有威力。

5.1　if 敘述與關係運算子

　　if 敘述又稱為 "分支敘述 (branching statement)"，字面上的意思便是 "如果 .... 於是"；if 是 C 語言的關鍵字之一。if 敘述的基本型式是這樣的：

```
if (expression)
    statement
```

　　if 後面至少有個小括號，小括號裡面乃為一般的運算式，譬如 (a>b)，表示 a 大於 b 或是 (x == y)，表示 x 等於 y。程式首先會對 expression 進行求值，如果求值的結果為真 (即該關係成立)，那麼 statement 敘述便會執行；否則就略過 statement，而直接處理後續的敘述。

　　首先來看個簡單的例子：

```
1   /* ch5 if-1.c */
2   #include <stdio.h>
3   int main()
4   {
5       int num;
6       printf("Please input a number between 1 to 100: ");
7       scanf("%d", &num);
8
9       if (num < 50)
10          printf("The number is less than 50 !\n");
11      if (num == 50)
12          printf("The number is equal to 50 !\n");
13      if (num > 50)
14          printf("The number is greater than 50 !\n");
15      return 0;
16  }
```

　　拿第一個測試來說：

```
if (num < 50)
    printf(....);
```

　　表示假若 num 的值 "小於 50"，那就執行後面的 printf() 敘述；否則測試接下來的條件；不論 (num < 50) 是否成立，第二個和第三個 if 敘述都會加以測試。

我們來看看執行三次的結果：

```
Please input a number between 1 to 100: 89
The number is greater than 50.

Please input a number between 1 to 100: 36
The number is less than 50.

Please input a number between 1 to 100: 50
The number is equal to 50.
```

　　關係運算子便可組成關係運算式 (relational expression)。C 語言共提供有六種關係運算子，它們都是二元運算子；基於兩數值間的所有關係，可歸納為表 5-1：

表 5-1　關係運算子

運算子	意義
<	小於
<=	小於等於
>	大於
>=	大於等於
==	等於
!=	不等於

　　特別注意到等於 (==) 和不等於 (!=) 的表示符號，千萬不要把 == 與 = 搞混了；C 語言的 = 符號乃代表指定運算子，它並沒有任何的比較動作。

　　一般來說，關係運算子兩邊的運算元最好屬於同一種型態；char 型態的資料也可拿來比較，大部分都是以 ASCII 碼作為標準。順便提到，關係運算子不能拿來比較兩個字串，字串的比較必須靠著字串處理函式來完成，我們會在第 10 章字串中提及。

　　關係運算中也可以比較兩個浮點數，但在某些情況下可能會有問題，例如：

```
(3 * 1/3) == 1
```

　　數學上當然沒有問題，不過，由於電腦系統儲存浮點數採取的方式，可能導致精確度喪失，而使上運算式無法成立。

　　再回到 if 本身，當 expression 求值結果為真時，statement 敘述將被執行。在第一個例子裡，statement 的部分都僅有單一敘述；我們是否允許 expression 成立的條件下，而能執行多條敘述呢？答案是可以的，但必須利用區塊 (block) 來標示。

　　C 語言以大括弧對來標示一區塊：

```
if (expression) {
    .
    .
    .
}
```

　　當 expression 成立時，接下來大括弧內的所有敘述都會執行，事實上，整個區塊仍視為單一敘述。我們來看底下的範例：

```
1    /* ch5 if-2.c */
2    #include <stdio.h>
3    int main()
4    {
5        int num;
6        int flag = 0;
7
8        num = 14;
9        if (num < 50){
10           flag++;
11           printf("Message 1...\n");
12       }
13
14       if (num > 50)
15           flag++;
16           printf("Message 2...\n");
17
18       if (num == 50)
19           flag++;
20
21       printf("Message 3...\n");
22       printf("\nflag is %d\n",flag);
23       return 0;
24   }
```

程式輸出如下：

```
Message 1...
Message 2...
Message 3...

flag is 1
```

根據結果顯示，我們可畫出如圖 5-1 之流程：

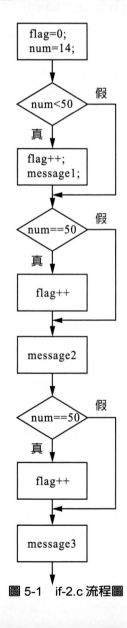

圖 5-1　if-2.c 流程圖

第一條測試結果成立，於是大括弧內的兩條敘述均會執行。接下來的第 2 個 if 敘述雖然寫成

```
if (num > 50)
    flag++;
    printf(...);
```

但實際上僅有 flag++; 是屬於 if 敘述的部分，printf() 雖然故意加以縮排，不過它的實際作用卻和第 3 個 if 敘述所顯示的意義相同。如果真的想讓這兩條敘述都屬於 if (num > 50) 成立時應該發生的動作，那就必須與第 1 個 if 敘述一樣用大括弧加以明確表示。

在此建議您，最好養成書寫大括弧的習慣，即使裡面僅有一條敘述；這樣不僅讓程式流程更為明確，也能避免將來因為額外加入新敘述而忽略大括弧的危險。

5.2　if...else 敘述

單純的 if 敘述若非執行某一敘述 (或複合敘述)，不然便是忽略它；這一節裡則要介紹 if 敘述的另一種形式：if...else，該敘述可從兩組不同的動作間選出一組來執行：

if...else 的一般形式是這樣的：

```
if (expression)
    statement1
else
    statement2
```

此處的 statement1 及 statement2 同樣為單一敘述或是由大括弧圍起的複合敘述。當 expression 求值結果為真時，將會執行 statement1；否則便處理 statement2；兩個敘述不可能同時都被執行。如圖 5-2 所示：

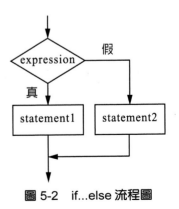

圖 5-2　if...else 流程圖

看個例子就能明白：

```
1   /* ch5 if_else.c */
2   #include <stdio.h>
3   int main()
4   {
5       char ch;
6       printf("Play again[Y/y or N/n]? ");
7       scanf("%c", &ch);
8
9       if (ch == 'y')
10          ch = 'Y';
11      if (ch == 'Y') {
12          printf("Play again !\n");
13          printf("I like this game...\n");
14      }
15      else {
16          printf("Exit the game!\n");
17          printf("I don't like this game.\n");
18      }
19      printf("Test over !\n");
20      return 0;
21  }
```

　　程式很簡單地詢問使用者是否要繼續，唯有當使用者鍵入 y 或 Y 時才代表肯定；其他字元一律否定。首先，我們以一個敘述來處理大小寫字元的問題：

```
if (ch == 'y')
    ch = 'Y';
```

於是接下來就能單純地以 if....else 敘述來測試，不必再考慮 'y' 大小寫：

```
if (ch == 'Y') {
    ....
}
else {
    .....
}
```

　　我們分別採用簡單敘述與複合敘述。再強調一次，不論是單一或複合，邏輯上都視為單一敘述。

程式執行 (二次) 的情況是這樣的：

```
Play again[Y/y or N/n]? y
Play again !
I like this game...
Test over !

Play again[Y/y or N/n]? n
Exit the game!
I don't like this game.
Test over !
```

特別注意到：不論是 if 部分或 else 部分被執行，最後的 printf("Test over !\n"); 敘述都將執行。整個 if...else 的組合乃為完整的敘述，諸如底下的例子是不允許的：

```
if (ch = = 'Y')
    printf(....);
    printf(....);
else {
    ...
}
```

原因在於 if 和 else 之間僅允許單一敘述 (不論是單一或是複合)，上述形式不僅在邏輯上模稜兩可，甚至在編譯期間就會被偵測出來。

5.3　巢狀 if 敘述

在某些情況下，我們的決策過程並非如此單純，往往必須根據先決的條件，進而決定應該走向哪條路。拿個簡單的問題來說明：試著要求使用者輸入一個數字，程式將判定該值是否介於 1 到 100 之間；如果我們沒有經過仔細的思考，可能寫出下面的程式：

```
1    /* ch5 nest1.c */
2    #include <stdio.h>
3    int main()
4    {
5        int num;
6
7        printf("Please input a number between 1 and 100: ");
```

```
8        scanf("%d", &num);
9
10       if(num >= 1)
11           if(num <= 100)
12               printf("Valid number %d\n", num);
13           else
14               printf("Invalid number %d\n", num);
15
16       printf("Bye Bye!\n");
17       return 0;
18   }
```

　　我們以二個流程圖來說明，看看此程式其對應的流程圖是哪一個。如圖 5-3 和圖 5-4 所示：

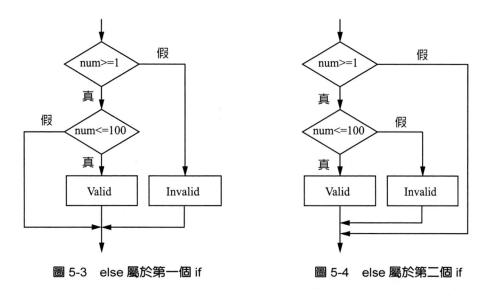

圖 5-3　else 屬於第一個 if　　　　圖 5-4　else 屬於第二個 if

　　從上面兩個流程圖可以看出，並非所有的情況都充分考慮：左方忽略了大於 100 的情形，而右方則忘記 num 有可能小於 1。不論程式的作法錯在哪裡，我們要提出一個比較重要的關鍵問題：else 究竟屬於誰？

　　我們可以從執行三次的結果來推導：

```
Please input a number between 1 and 100: 123
Invalid number 123
Bye Bye!
```

```
Please input a number between 1 and 100: 14
Valid number 14
Bye Bye!

Please input a number between 1 and 100: -62
Bye Bye!
```

程式並沒有處理 -62，可以想知，else 應該和第二個 if 配對！事實上也是這樣，在沒有任何明確標示的情況下，else 總是與最接近的 if 組合；如果真的想要表達第一種狀況，就必須藉助大括弧：

```
if (num >= 1 ) {
    if (num <= 100)
        printf(...);
}
else
    printf(...);
```

如此一來，第一個 if 敘述已加上大括號，形成一個獨立敘述，所以最後的 else 將屬於它。讀者可以修改上一頁的 nest1.c 範例程式修改如下，再執行一次看看結果為何。

```
1   /* ch5 nest2.c */
2   #include <stdio.h>
3   int main()
4   {
5       int num;
6
7       printf("Please input a number between 1 and 100: ");
8       scanf("%d", &num);
9       if (num >= 1) {
10          if (num <= 100)
11              printf("Valid number %d\n", num);
12          else
13              printf("Invalid number %d\n", num);
14      }
15      else
16          printf("Invalid number %d\n", num);
17
18      printf("Bye Bye!\n");
19      return 0;
20  }
```

執行三次的結果為：

```
Please input a number between 1 and 100: 123
Invalid number 123
Bye Bye !

Please input a number between 1 and 100: 14
Valid number 14
Bye Bye !

Please input a number between 1 and 100: -62
Invalid number -62
Bye Bye!
```

大概需要兩個 if 和兩個 else 才能徹底考慮所有的情形吧！雖然這裡已經解決了問題，不過程式卻顯得笨拙不堪；沒關係，我們馬上就會學到邏輯運算子，那時候再來把這個問題重新修飾一番。

5.4　真值與假值

對於任何關係運算式，程式都會加以求值，求值的結果必為眞值 (True) 或假值 (False)；C 語言並沒有所謂的布林型態 (Boolean type)，那麼眞值到底是什麼？假值又為何物呢？

另一方面，我們曾在第 4 章討論過，每一個運算式都擁有一個值，關係運算式當然也是如此，確實的數值會是如何？它們與眞假值又有什麼關係？

試試底下的例子：

```
1   /* ch5 t_f1.c */
2   #include <stdio.h>
3   int main()
4   {
5       printf(" 10  > 100 ===> %d\n", 10 > 100);
6       printf(" 10  < 100 ===> %d\n", 10 < 100);
7       printf(" 10 == 100 ===> %d\n", 10 == 100);
8       printf(" 10 != 100 ===> %d\n", 10 != 100);
9       return 0;
10  }
```

由輸出結果應能得出真假值的確實數值：

```
10 > 100 ===> 0
10 < 100 ===> 1
10 == 100 ===> 0
10 != 100 ===> 1
```

幾乎可以這麼說：關係運算式若能成立，那麼該運算式的值就是 1；反之則為 0。根據這一點，我們是否可以說 1 即為真值，而 0 便為假值呢？

利用底下的範例加以求證：

```
1   /* ch5 t_f2.c */
2   #include <stdio.h>
3   int main()
4   {
5       if (1)
6           printf("1 is TRUE.\n");
7       else
8           printf("1 is FALSE.\n");
9
10      if (0)
11          printf("0 is TRUE.\n");
12      else
13          printf("0 is FALSE.\n");
14
15      if (14)
16          printf("14 is TRUE.\n");
17      else
18          printf("14 is FALSE.\n");
19
20      if (-62)
21          printf("-62 is TRUE.\n");
22      else
23          printf("-62 is FALSE.\n");
24      return 0;
25  }
```

您是否還記得，常數即為最簡單的運算式，所以此處可以拿常數作為 if 的測試條件，而常數的求值結果仍然為常數本身；快來看看輸出結果透露著哪些訊息：

```
1 is TRUE.
0 is FALSE.
14 is TRUE.
-62 is TRUE.
```

　　只有 0 是假值，其餘均爲眞值。直接了當地說，C 語言裡只有 0 是假值，至於所有的非零值則都爲眞值；根據這種特性，使得原本的敘述

```
if (num == 0)
    statement
```

可以簡化爲

```
if (!num)
    statement
```

　　其中的！爲邏輯 NOT 運算子：當 num 爲眞時，!num 即爲假；反之，當 num 爲假時，!num 變爲眞。這種測試是說：當 num 等於 0 時，就執行 statement 敘述；它們和第二種形式的意義完全相同。第二種情形，statement 會被執行的條件是 (!num) 爲眞時，也就是說 num 本值爲假，而假的實際數值即爲 0。反過來說，當 num 爲非零值時，乃被視爲眞值，加上！運算子後就變成假，於是 statement 敘述不會執行；如此便同於第一種形式下條件不成立的狀況。

　　雖然簡化的形式看起來較有技巧，或許可能產生較有效率的程式碼，不過基於程式清晰度的考慮，最好儘量採取第一種形式。

　　由於眞假值的特性還可能引發某些問題，例如：我們想要測試 num 是否等於 0，但卻把運算子誤寫爲

```
if (num = 0)
    statement
```

　　正確的 ＝＝（等於運算子）卻寫成 ＝（指定運算子），前面曾經強調過，指定運算式的值就是左邊變數最後得到的數值，本例中該值爲 0，所以整個敘述實際上相當於

```
if (0)
    statement
```

0 值恆為假，所以 statement 敘述永遠不會執行。由於類似的無心之過，常常導致極端不同的結果；這也是 C 語言的特色之一：C 語言擁有極大的自由度與包容力，但相對地卻要使用者付出更大的代價。

5.5　邏輯運算子

日常生活中，常常會有下列形式的對話："如果 ... 而且 ... 或者 ...，那就 ..."，將諸多條件依邏輯關係加以組合的運算子就是邏輯運算子 (logical operator)。C 語言共提供 3 種邏輯運算子如表 5-2 所示：

表 5-2　邏輯運算子

運算子	意義
!	非 (NOT)
&&	且 (AND)
||	或 (OR)

除了！之外，另外兩個都是二元運算子。邏輯 NOT 運算子！的用法在前一節中已經介紹過了，它會將運算元的真假值互換。

至於 && 和 || 的規則如下：

```
(exp1 && exp2)
```

是說 && 唯有在 exp1 和 exp2 均為真時，整個運算式的值才為真。

```
(exp1 || exp2)
```

則表示 || 只要 exp1 和 exp2 中存在一個真或二者皆為真時，整個運算式便為真。

這三個運算子的優先順序都不同，其中以 ! 最高，該運算子甚至比乘法還高，而與遞增 (減) 運算子相同；它僅低於小括號的優先順序。接下來則為 &&，再來就是 ||；後兩個運算子的優先順序都低於關係運算子；所以

```
x > y && a == b || num != 3
```

實際意思應該是

```
(x > y) && (a == b) || (num != 3)
```

從下面的例子驗證看看：

```
1    /* ch5 logical1.c */
2    #include <stdio.h>
3    int main()
4    {
5        printf("NOT (3 > 5) ===> %d\n", !(3 > 5));
6        printf("(3 > 5) OR (10 > 6) ===> %d\n", (3 > 5) || (10 > 6));
7        printf("(3 > 5) AND (10 > 6) ===> %d\n", (3 > 5) && (10 > 6));
8        printf("(3 > 5) AND (10 > 6) OR 10 ===> %d\n",
9                                          (3 > 5) && (10 > 6) || 10);
10       printf("(5 > 3) OR (10 > 6) AND 0 ===> %d\n",
11                                         S(5 > 3) || (10 > 6) && 0);
12       return 0;
13   }
```

輸出的結果是這樣的：

```
NOT (3 > 5) ===> 1
(3 > 5) OR (10 > 6) ===> 1
(3 > 5) AND (10 > 6) ===> 0
(3 > 5) AND (10 > 6) OR 10 ===> 1
(5 > 3) OR (10 > 6) AND 0 ===> 1
```

前面三條式子沒有問題。最後兩個運算式則要考慮優先順序高低的影響：

```
   (3 > 5) AND (10 > 6) OR 10
=>((3 > 5) AND (10 > 6)) OR 10
=>(False AND True) OR True
=> False OR True
=> True

   (5 > 3) OR (10 > 6) AND 0
```

```
=>(5 > 3) OR((10 > 6) AND 0)
=>True OR (True AND False)
=>True OR False
=>True
```

您可以自行驗證：當 AND 和 OR 的優先順序並非這裡所說的情況，那麼答案將不會吻合。

有了邏輯運算子的幫助，前面小節中 p5-10 頁的 nest2.c 程式就可以輕易地改寫成：

```c
1   /* ch5 logical2.c */
2   #include <stdio.h>
3   int main()
4   {
5       int num;
6       printf("Please input a number between 1 and 100 : ");
7       scanf("%d",&num);
8
9       if ((num >= 1) && (num <= 100))
10          printf("Valid number %d !\n", num);
11      else
12          printf("Invalid number %d.\n", num);
13
14      printf("Bye Bye!\n");
15      return 0;
16  }
```

程式碼更為簡潔，邏輯上也更加清楚。執行結果如下 (共三次)：

```
Please input a number between 1 and 100: 114
Invalid number 114.
Bye Bye!

Please input a number between 1 and 100: 1
Valid number 1 !
Bye Bye!

Please input a number between 1 and 100: -5060
Invalid number -5060.
Bye Bye!
```

同理，p5-7 頁的 if_else.c 也可以藉助邏輯運算子的幫忙，使其更加簡潔易懂，程式如下：

```
1   /* ch5 if_else2.c */
2   #include <stdio.h>
3   int main()
4   {
5       char ch;
6
7       printf("Play again[Y/y or N/n]? ");
8       scanf("%c", &ch);
9
10      if ((ch == 'y') || (ch == 'Y')) {
11          printf("Play again !\n");
12          printf("I like this game...\n");
13      }
14      else {
15          printf("Exit the game !\n");
16          printf("I don't like this game.\n");
17      }
18      printf("Test over !\n");
19      return 0;
20  }
```

執行結果如下：

```
Play again[Y/y or N/n]? y
Play again !
I like this game...
Test over !

Play again[Y/y or N/n]? n
Exit the game !
I don't like this game.
Test over !
```

關於邏輯運算式還有一項很重要的課題：那就是求值的順序，例如一般的運算

```
(a + b) * (c + d)
```

C 語言並沒有強迫 (a+b) 和 (c+d) 二者間究竟哪個應該先行運算；但對邏輯運算子而言，C 語言卻強迫求值的順序一定是從左向右，譬如

```
exp1 && exp2 && exp3
```

　　必定是依循 exp1、exp2、以及 exp3 的順序加以求值；此外，求值的過程將在整個運算式的值確定後立即停止。舉例來說，exp1 為眞，exp2 為假，那麼程式在測試到 exp2 時，便可確定最後結果的值一定是假，這時候 exp3 就不會加以求值，而整個運算式的求值過程就此停止。

　　OR 運算子也有類似的情形，求值過程由左到右，一旦發現存在一個眞值，那麼求值過程便會結束，並以眞值回傳；否則便依序將接下來的運算式再行求值。

　　有了這種性質，我們來看個應用範例：

```
1    /* ch5 logical3.c */
2    #include <stdio.h>
3    int main()
4    {
5        int num;
6
7        printf("Input a number: ");
8        scanf("%d", &num);
9        if((num != 0) && !(24 % num))
10           printf("Number %d is a facotr of 24.\n", num);
11       else
12           printf("Number %d is not a factor of 24.\n", num);
13       return 0;
14   }
```

　　主要關鍵是在

```
if ((num != 0 ) && !(24 % num))
```

　　如果 num 不等於 0，那麼這項測試的最後結果必須要視後面的運算式而定，所以有必要繼續測試下去；另一方面，當 num 等於 0 時，由於 && 運算子的特性便可確知最後的結果必定為假，所以不會繼續進行求值的過程，而這樣即可避免 " 除以 0" 的動作。

　　程式 logical3.c 的執行結果如下 (共三次)：

```
Input a number : 10
Number 10 is not a factor of 24.

Input a number : 0
Number 0 is not a factor of 24.

Input a number : 6
Number 6 is a factor of 24.
```

5.6　條件運算子

條件運算子 (conditional operator) 是個十分奇特的運算子，它擁有三個運算元；其實它是 if...else 的簡化形式：

```
expression1 ? expression2 : expression3
```

整個運算式是由 ? 和 : 及三個子運算式構成；該運算式的含義為：當 expression1 成立時，便以 expression2 作為整個運算式的值；否則便採用 expression3 為最後的值。

譬如：我們若想求取 x 的絕對值 abs，用 if...else 可能寫成

```
if (x >= 0)
    abs = x;
else
    abs = -x;
```

若採用條件運算子則可簡化成

```
abs = (x >= 0) ? x : -x;
```

如果 x 大於等於 0，就以 x 指定給 abs；否則，便拿 -x 作為該運算式的值。我們以底下例子舉出其他的應用：

```
1   /* ch5 cond.c */
2   #include <stdio.h>
3   int main()
4   {
5       int x,y;
6       int abs, max;
7       int year;
```

```
8
9          printf("\nInput x : ");
10         scanf("%d", &x);
11         abs = (x >= 0) ? x : -x;
12         printf("|x| = %d\n", abs);
13
14         printf("\nInput y : ");
15         scanf("%d",&y);
16
17         abs = (y >= 0) ? y : -y;
18         printf("|y| = %d\n", abs);
19
20         max = (x > y) ? x : y;
21         printf("\nMaximum value of %d and %d is %d.\n", x, y, max);
22
23         printf("\nHow old are you? ");
24         scanf("%d", &year);
25         printf("  You are %d year%s old.\n",
26                          year, (year > 1) ? "s " : " ");
27         return 0;
28 }
```

程式中以條件運算式求取兩數的最大值：

```
max = (x > y) ? x : y;
```

另外還有一個考慮英文名詞複數形的應用，該敘述位於最後的 printf() 中：

```
(year > 1) ? "s" : " ";
```

若 year 的值大於 1，表示名詞後面必須加上 s，否則僅以空白加以取代。
執行結果如下：

```
Input x : -14
|x| = 14

Input y : -62
|y| = 62

Maximum value of -14 and -62 is -14.

How old are you ? 23
  You are 23 years old.
```

條件運算式並沒有任何新奇之處，不過它的確可使程式碼更加簡化，若
能妥善使用它，將使程式看起來更為舒服。

5.7　else if 多重選擇

else if 敘述其實是一種巢狀的 if...else 敘述，只不過巢狀的部分是在 else。看看底下的例子：

```
if (exp1)
    statement1
else if (exp2)
    statement2
else if (exp3)
    statement3
else
    statement4
```

事實上，整個結構仍然是一條完整的敘述，else 和 if 當然可以分做兩列來書寫：

```
if (exp1)
    statement1
else
if (exp2)
    statement2
        .
```

不過這樣將使程式變得稍微複雜。以流程圖畫出上面的結構如圖 5-5 所示：

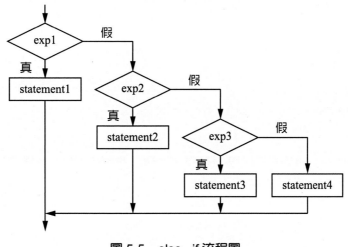

圖 5-5　else...if 流程圖

```
1   /* ch5 else_if.c */
2   #include <stdio.h>
3   int main()
4   {
5       char grade;
6       int score;
7
8       printf("What's your score? ");
9       scanf("%d", &score);
10
11      if(score > 100 || score < 0)
12          printf("It's impossible !\n");
13      else if (score >= 90)
14          grade = 'A';
15      else if (score >= 80)
16          grade = 'B';
17      else if (score >= 70)
18          grade = 'C';
19      else if (score >= 60)
20          grade = 'D';
21      else
22          printf("You are down !\n");
23      if (score >= 60 && score <= 100)
24          printf("Score %d ===> %c\n", score, grade);
25      return 0;
26  }
```

不難看出程式在做什麼，執行三次情形是這樣的：

```
What's your score ? 114
It's impossible !

What's your score ? 91
Score 91 ===> A

What's your score ? 14
You are down !
```

在某些情況下，if....else if 敘述的形式，若以 switch 敘述來解決將更為清晰，這是下一節將要討論的主題。

5.8　switch...case 敘述

switch...case 敘述可用來處理多重的選擇，它的結構比 if...else　if 較易了解；

```
switch (exp)
{
    case const1 :
        statements;
        break;
    case const2 :
        statements;
        break;
    .
    .
    .
    default :
        statements;
}
```

switch 和 case 是本敘述的關鍵字；小括號裡面的測試運算式 exp 應該是整數型態 (包括 char)，浮點數或字串將不允許；case 之後的 const1、const2 為標記 (label)，後面必須跟著冒號 (：)，標記部分也一定要是整數常數 (或是字元常數) 或是整數常數運算式，千萬不能出現變數；至於各個 statement 敘述是可有可無的；最後的 default 則是另一個關鍵字，它也是可有可無的。

switch...case 敘述的處理方式是這樣的：首先對 exp 運算式加以求值，然後從頭開始尋找與 exp 相吻合的標記，於是程式流程就跳到該標記之後繼續執行，直到 switch...case 敘述結束為止；假使沒有找到任何足以匹對的標記，而又存在 default: 的話，那麼就會執行 default: 後面的敘述。

我們用一個實例來看看究竟怎麼一回事：

```
1   /* ch5 switch1.c */
2   #include <stdio.h>
3   int main()
4   {
5       char grade;
6       printf("What's your score grade (A-E/a-e)? ");
```

```
7        scanf("%c", &grade);
8
9        if ((grade >= 'A') && (grade <= 'Z'))
10           grade = 'a' + (grade - 'A');
11
12       switch (grade){
13           case 'a': printf("Score 90 to 100.\n");
14                     break;
15           case 'b': printf("Score 80 to 89.\n");
16                     break;
17           case 'c': printf("Score 70 to 79.\n");
18                     break;
19           case 'd': printf("Score 60 to 69.\n");
20                     break;
21           case 'e': printf("Score under 60.\n");
22                     break;
23           default: printf("Wrong grade !\n");
24       }
25       return 0;
26  }
```

程式中的測試運算式為 grade，它是 char 型態的變數。還需注意到，標記採用的形式均為字元常數，最後也有 default: 標記。是否發覺程式中佈滿了 break; 敘述，這個敘述將可強迫控制權跳出 switch...case 敘述；我們先來看執行結果 (共四次)：

```
What's your score grade (A-E/a-e)? A
Score 90 to 100.

What's your score grade (A-E/a-e)? d
Score 60 to 69.

What's your score grade (A-E/a-e)? e
Score under 60.

What's your score grade (A-E/a-e)? y
Wrong grade !
```

最後一次的執行範例中，我們輸入 'y'，它無法與任何標記吻合，所以 default: 後面的敘述便會執行；倘若連 default: 標記都沒有，那麼整個 switch...case 敘述將不會做出任何動作。

　　程式的執行狀況十分良好，這完全是 break 敘述的功勞，底下我們來看個類似的例子，若把 break 拿掉，會變成什麼樣子呢：

```
1    /* ch5 switch2.c */
2    #include <stdio.h>
3    int main()
4    {
5        char grade;
6        printf("What's your score grade (A-E/a-e)? ");
7        scanf("%c", &grade);
8
9        switch (grade) {
10           case 'A' :
11           case 'a' : printf("Score 90 to 100.\n");
12
13           case 'B' :
14           case 'b' : printf("Score 80 to 89.\n");
15
16           case 'C':
17           case 'c': printf("Score 70 to 79.\n");
18
19           case 'D':
20           case 'd': printf("Score 60 to 69.\n");
21
22           case 'E':
23           case 'e': printf("Score under 60.\n");
24
25           default: printf("Wrong grade !\n");
26       }
27       return 0;
28   }
```

　　程式 switch1.c 中，我們乃透過下列敘述來處理大小寫輸入的問題：

```
if ((grade >= 'A') && (grade <= 'Z'))
    grade = 'a' + (grade - 'A' );
```

　　您可以想想為什麼這樣做就能把所有大寫字母轉換為對應的小寫字母。在本例中，我們卻沒有額外處理這件事，而是利用多重標記的技巧；程式中還把所有的 break 去掉，會有什麼結果呢 (共執行二次)？

```
What's your score grade (A-E/a-e)? B
Score 80 to 89.
Score 70 to 79.
Score 60 to 69.
Score under 60.
Wrong grade !

What's your score grade (A-E/a-e)? d
Score 60 to 69.
Score under 60.
Wrong grade !
```

第一次輸入大寫 'B'，它的確能加以處理，不過卻印出接下來的所有訊息。還記得前面曾說過吧，當 switch...case 敘述能找到相吻合的標記後，就會從那裡開始，一直執行到 switch...case 敘述結束；例外的狀況就是遇到 break 敘述時，它將強迫離開 switch...case 結構。正由於此種特性，這裡所做的多重標記才能正確工作；在大多數情況下，switch...case 和 break 乃是密不可分的，常常因為忘了 break，而使程式的流程一片混亂。

5.9 摘要

本章討論了 C 語言的決策處理方式，包括 if、if...else、以及 switch...case 敘述，此外也介紹許多運算子，像是關係運算子、邏輯運算子、條件運算子...等等，它們都擁有獨特的性質。本章中還介紹真值與假值的觀念，這個觀念十分重要。

下一章將要進入另一個層次的控制結構：迴圈 (loop)，它可使程式反覆的執行。

5.10　上機練習

1.

```
1   //p5-1.c
2   #include <stdio.h>
3   int main()
4   {
5       int i = 168;
6       if (i = 158)
7           printf("i = 158\n");
8       else
9           printf("i = 168\n");
10
11      return 0;
12  }
```

2.

```
1   //p5-2.c
2   #include <stdio.h>
3   int main()
4   {
5       int i = 158;
6       if (i > 168)
7          if (i < 999)
8               printf("not bad\n");
9       else
10          printf("not good\n");
11      printf("over\n");
12
13      return 0;
14  }
```

3.

```
1   //p5-3.c
2   #include <stdio.h>
3   int main()
4   {
5       int i, a1=0, a3=0, a5=0, a7=0, a9=0, others=0;
6       printf("Enter a number (input 8888 to exit): ");
7       scanf("%d", &i);
8       while (i != 8888) {
9          if (i == 1)
10              a1++;
```

```
11              else if(i == 3)
12                  a3++;
13              else if(i == 5)
14                  a5++;
15              else if(i == 7)
16                  a7++;
17              else if(i == 9)
18                  a9++;
19              else
20                  others++;
21              printf("Enter a number (input 8888 to exit): ");
22              scanf("%d", &i);
23          }
24      printf("a1 = %d, a3=%d, a5=%d, a7=%d, a9=%d\n", a1, a3, a5,
24                                              a7, a9);
25      printf("others = %d\n", others);
26
27      return 0;
28  }
```

4.

```
1   //p5-4.c
2   #include <stdio.h>
3   int main()
4   {
5       int i, a1=0, a3=0, a5=0, a7=0, a9=0, others=0;
6       printf("Enter a number (input 8888 to exit): ");
7       scanf("%d", &i);
8       while (i != 8888) {
9           switch (i) {
10              case 1:
11                  a1++; break;
12              case 3:
13                  a3++; break;
14              case 5:
15                  a5++; break;
16              case 7:
17                  a7++; break;
18              case 9:
19                  a9++; break;
20              default:
21                  others++;
22          }
23
24          printf("Enter a number (input 8888 to exit): ");
25          scanf("%d", &i);
```

```
26        }
27        printf("a1 = %d, a3=%d, a5=%d, a7=%d, a9=%d\n", a1,a3,a5,a7,a9);
28        printf("others = %d\n", others);
29
30        return 0;
31  }
```

5.

```
1   //p5-5.c
2   #include <stdio.h>
3   int main()
4   {
5        int i, even = 0, odd = 0, others = 0;
6        printf("Enter a number (input 8888 to exit): ");
7        scanf("%d", &i);
8        while (i != 8888) {
9            switch (i) {
10               case 1:
11               case 3:
12               case 5:
13               case 7:
14               case 9:
15                   odd++;
16                   break;
17               case 2:
18               case 4:
19               case 6:
20               case 8:
21                   even++;
22                   break;
23               default:
24                   others++;
25           }
26           printf("Enter a number (input 8888 to exit): ");
27           scanf("%d", &i);
28       }
29       printf("belongs to 1, 3, 5, 7, 9 have %d\n", odd);
30       printf("belongs to 2, 4, 6, 8 have %d\n", even);
31       printf("belongs to others have %d\n", others);
32
33       return 0;
34  }
```

6.

```
1   //p5-6.c
2   #include <stdio.h>
3   int main()
4   {
5       int i = 0;
6       while (i < 3) {
7           switch (++i) {
8               case 0: printf("Hello, world ");
9               case 1: printf("Hello, world ");
10              case 2: printf("Hello, world ");
11              default: printf("Oh Yes ");
12          }
13          printf("\n");
14      }
15  ;
16      return 0;
17  }
```

7.

```
1   //p5-7.c
2   #include <stdio.h>
3   int main()
4   {
5       int x = 100, y = 200;
6       printf("x > y? %d\n", x > y);
7       printf("x >= y? %d\n", x >= y);
8       printf("x < y? %d\n", x < y);
9       printf("x <= y? %d\n", x <= y);
10      printf("x == y? %d\n", x == y);
11      printf("x != y? %d\n", x != y);
12      printf("x = y? %d\n", x = y);
13
14      return 0;
15  }
```

8.

```
1   //p5-8.c
2   #include <stdio.h>
3   int main()
4   {
5       int x = 1, y = 0;
6       printf("x = %d, y = %d\n", x, y);
7       printf("x && x? %d\n", x && x);
```

```
8        printf("x && y? %d\n", x && y);
9        printf("y && x? %d\n", y && x);
10       printf("y && y? %d", y && y);
11
12       return 0;
13   }
```

9.

```
1    //p5-9.c
2    #include <stdio.h>
3    int main()
4    {
5        int x = 100, y = 200, ans;
6        ans = (x > y) ? x : y;
7        printf("%d\n", ans);
8        ans = (x < y) ? x : y;
9        printf("%d", ans);
10
11       return 0;
12   }
```

5.11   除錯題

1.

```
1   //d5-1.c
2   #include <stdio.h>
3   int main()
4   {
5       int score = 70;
6       if {score <= 60} then
7           score += 10
8       printf("score = %d\n", score);
9
10      return 0;
11  }
```

2.

```
1   //d5-2.c
2   #include <stdio.h>
3   int main()
4   {
5       int score = 70;
6       if (score <= 60):
7           score += 10;
8       else:
9           score += 5
10      printf("score = %d\n", score);
11
12      return 0;
13  }
```

3.

```
1   //d5-3.c
2   #include <stdio.h>
3   int main()
4   {
5       int num = 50;
6       If (num = 100)
7           printf(" 此數等於 100\n");
8       Else
9           printf(" 此數不等於 100\n");
10
11      return 0;
12  }
```

4.

```
1   //d5-4.c
2   #include <stdio.h>
3   int main()
4   {
5       int score = 70;
6       if (score >= 60)
7           printf(" 耶 !!! 及格了 \n");
8       if (score >= 80)
9           printf(" 耶 !!! 考高分 !!!\n");
10      else
11          printf(" 不及格 ... 需要再加強 !!!\n");
12
13      return 0;
14  }
```

5.

```
1   //d5-5.c
2   #include <stdio.h>
3   int main()
4   {
5       int a = 80, b = 50;
6       printf((a > b)? " 變數 b 比變數 a 大 \n";" 變數 a 比變數 b 大 \n");
7
8       return 0;
9   }
```

6.

```
1   //d5-6.c
2   #include <stdio.h>
3   int main()
4   {
5       int num;
6       printf(" 請輸入一整數 : ");
7       scanf("%d", num);
8       if (num > 0)
9           printf(" 此數為正整數 \n");
10      elseif (num = 0)
11          printf(" 此數為 0\n");
12      else
13          printf(" 此數為負整數 \n");
14
15      return 0;
16  }
```

7.

```
1    //d5-7.c
2    #include <stdio.h>
3    int main()
4    {
5        int status;
6        printf(" 請輸入你的身份 : ");
7        scanf("%d", status);
8        switch (status)
9            case 1
10               printf(" 你是 1 號學生 \n");
11           case 2
12               printf(" 你是 2 號學生 \n");
13           case 3
14               printf(" 你是 3 號學生 \n");
15           default
16               printf(" 你不是 1~3 號的學生 \n");
17
18       return 0;
19   }
```

5.12　程式實作

1.　輸入打電話時間及長度 (length)，計算其毛成本 (gsum) 及淨成本 (nsum)，並輸出淨成本。計算方式如下：

　　(1) gsum = 0.4 * length;

　　(2) 如果時間在 AM 8:00 以前或 PM 6:00 以後，則

　　　　nsum = 0.5 * gsum; 否則

　　　　nsum = gsum;

　　(3) 若長度超過 60 分鐘，則

　　　　nsum = 0.85 * nsum; (打 85 折)

　　(4) 最後

　　　　nsum = 1.04 * nsum;

2.　輸入年份，並判斷此年份是否為閏年或平年。

　　(提示：閏年的條件為 (1) 不能被 100 整除，但能被 4 整除；或 (2) 可被 100 整除，而且也可被 400 整除。) 如西元 2000、2020 是閏年；而西元 2010 是平年。

3.　輸入某一整數，判斷它是否為 2 的倍數、或 3 的倍數、或 5 的倍數。

4.　輸入某一同學的 gpa，當

　　gpa = 4 時，印出 excellent student

　　gpa = 3 時，印出 good student

　　gpa = 2 時，印出 satisfactory

　　gpa = 1 時，則直接印出 score = 50，

　　其他則印出 are you a fool or a genius，

　　請利用 else...if 選擇敘述執行之。

5.　同第 4 題的題目，將它改為 switch...case 的形式。

NOTE ::::::

06

迴 圈

電腦有許多基本的能力，快速而大量的運算為其中之一；另外就是執行一連串重複的動作；程式語言中，迴圈 (loop) 敘述的目的即在於發揮電腦的這項潛能。

C 語言裡主要有三種迴圈敘述，分別是 while、do...while 以及 for 等等，這些迴圈敘述在基本觀念上都差不多，但應用時必須視情況而有所選擇。本章除了仔細討論這三種迴圈外，也會介紹更多的運算子，以及常與迴圈配合應用的 break 和 continue 敘述。

迴圈 (loop) 表示重複執行某些敘述。撰寫迴圈敘述時要掌握三大要素，一為初值設定運算式，二為終止迴圈執行的運算式，三為更新運算式。完全掌握這三大要素，迴圈敘述就可以順利進行，不會導致可怕的無窮迴圈。

6.1　while 迴圈

while 迴圈是比較單純的一個，多數程式語言中都有類似的結構。在 C 語言裡，while 乃為此迴圈結構的關鍵字，基本的形式是這樣的：

```
while (expression)
    statement
```

小括號內部可為任何形式的運算式，至於 statement 可為單一敘述或複合敘述，上述觀念與前一章提及的 if 敘述完全一致，而且也適用於其他迴圈形式的表達方法。

while 迴圈的工作原理是這樣的：首先對 expression 運算式加以求值，若結果為真 (即非零值)，那麼 statement 部分便會執行；一旦執行完畢後，控制權又回到 expression 測試，這種過程一直持續到 expression 的求值結果變成假 (即 0) 為止，然後才結束 while 敘述。在邏輯上，整個 while 迴圈乃為單一敘述。

以流程圖可將 while 結構列示於圖 6-1：

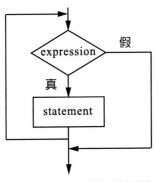

圖 6-1　while 迴圈流程圖

　　先看個簡單的例子：如何把整數 1 到 6 依序印出來，當然不能是一個一個用力顯現；我們於往後學到新的迴圈敘述時，都會先舉出這個問題的解決方式，以便做個比較。

　　程式的想法很簡單，先宣告一個簡單變數 i，並設定其初值為 1，讓它在迴圈中循環 6 次，每次 i 的值都要增加 1；還是看看實際的寫法：

```
1   /* Ch6 while1.c */
2   #include <stdio.h>
3   #define MAX 6
4   int main()
5   {
6       int i;
7       i = 1;
8
9       while (i <= MAX){
10          printf("  i = %d\n", i);
11          i++;
12      }
13      return 0;
14  }
```

　　我們以 #define 指令定義常數 MAX 為 6，這個常數將應用於 while 的測試條件 (i<=MAX)，當然也可以直接寫成 while (i<=6)。變數 i 的值一開始是 1，它小於 6，所以測試結果為真，於是便執行接下來大括弧內部的兩條敘述；先印出 i 值 (也就是 1)，然後再把 i 加 1。一旦敘述執行終結後，程式流程又回到 while (i<=MAX)，這時候 i 等於 2，仍然小於 MAX，於是迴圈敘述又會執行；這種過程一直持續到 i 值等於 6 之後，再把 i 加 1 使之成為 7，此時便無法滿足 (i<=MAX) 的測試，於是迴圈便結束。

　　看看輸出結果：

```
i = 1
i = 2
i = 3
i = 4
i = 5
i = 6
```

注意到離開 while 迴圈後，變數 i 的值會是 7。本程式可進一步利用遞增運算子的特性而改為

```
while (i <= MAX)
    printf("%d\n", i++);
```

此時屬於 while 的敘述僅有一條，所以無需大括弧加以標示；其實這麼做還不是很好，我們比較喜歡採用底下的方式：

```
1    /* Ch6 while2.c */
2    #include<stdio.h>
3    #define MAX 6
4    int main()
5    {
6        int i;
7
8        i = 0;
9        while (i++ <= MAX)
10           printf("  i = %d\n",i);
11       return 0;
12   }
```

如果能讓測試敘述與更新運算集中在一起，那麼比較容易掌握程式的動向：

```
while (i++ <= MAX)
    ...
```

這裡採取後繼的遞增運算子，當 i 值拿來先與 MAX 比較之後，便接著讓 i 值增加 1；為了讓底下的 printf() 能從 1 開始印，所以變數 i 的初值改設 0；執行結果正確嗎？

```
i = 1
i = 2
i = 3
i = 4
i = 5
i = 6
i = 7
```

似乎不錯，但是怎麼會印出 7 呢？原因在於當 i 等於 6 時，測試條件 (i++ <= MAX) 仍然成立，隨後又把 i 加 1，所以 printf() 會把當時 i 為 7 的值印出來；此時只要將測試條件改為 (i++ < MAX) 即可。或者把測試條件改為 (++i <= MAX) 也是可以的：

```
1    /* Ch6 while3.c */
2    #include<stdio.h>
3    #define MAX 6
4    int main()
5    {
6        int i;
7
8        i = 0;
9        while (++i <= MAX)
10           printf("  i = %d\n",i);
11       return 0;
12   }
```

結果如下：

```
i = 1
i = 2
i = 3
i = 4
i = 5
i = 6
```

離開 while 迴圈後，前二例中最後的 i 值都不會等於 6，前者是 8，而後者則為 7。記住，上述二例的測試條件有二個運算子，故需處理二件事情，其先後順序就看是前置遞增運算子或後繼遞增運算子囉！處理完這二件事情後，才去執行當測試條件為真時，所要處理的敘述。

上述問題的發生與幾個因素有關，譬如更新運算發生的時機、遞增和遞減運算的獨特性質、以及測試的條件運算子 (例如 < 和 <= 之間的差異) 等等；其實並不難克服，只要設定幾種臨界狀況，並試著模擬程式的流程，就可找到問題所在與解決之道。

當我們使用各種迴圈敘述時，最怕就是造成無止境的循環；即使是故意
這麼做，也該提供某種方法足以跳離迴圈，像是按下 Ctrl-C 鍵等等。下面有
這麼一個例子：

```
1   /* Ch6 while4.c */
2   #include <stdio.h>
3   #define MAX 6
4   int main()
5   {
6       int i;
7
8       i = 1;
9       while (i <= MAX)
10          printf("  i = %d\n",i);
11          i++;
12      return 0;
13  }
```

執行的情況竟然是這樣的：

```
i = 1
i = 1
i = 1
i = 1
i = 1
...
...
...
```

由於沒有大括弧的幫忙，使得改變測試條件的 i++；敘述不再屬於迴圈
的範圍，所以變數 i 的值一直維持著 1，測試條件自然恆成立。除了上述因
大括弧漏寫產生的疏失外，還有變數改變的方向發生錯誤，例如把 i++ 寫成
i--，或者根本就忘了改變測試的條件等等。同樣要建議您，即使僅有單一敘
述存在，大括弧還是留著較為保險。

前面舉出的程式範例大多為了解釋迴圈的語法和注意事項，底下將要看
一個比較實用的例子：程式可連續讀入數值，最後並計算出總和：

```
1    /* Ch6 sum.c */
2    #include <stdio.h>
3    int main()
4    {
5        int number;
6        int total=0, item=1;
7
8        printf(" %d. Input a number to be added: ", item);
9        while (scanf("%d", &number) == 1) {
10           total = total + number;
11           printf("\n %d. Input a number to be added: ", ++item);
12       }
13       item--;
14       printf("\nThere are %d numbers entered, \n", item);
15       printf("    their sum is %d.\n", total);
16       return 0;
17   }
```

程式中示範了典型的 C 語言風格：

```
while (scanf("%d", &number) == 1)
    ...
```

while 迴圈能夠持續的條件即為 scanf() 的回傳值等於 1 的情況，還記得嗎？scanf() 將回傳成功讀取的資料項個數；在本例中僅需要一個整數 number，所以測試條件中拿它與 1 做比較。

注意到 while 迴圈之前有個提示訊息，而同樣的訊息也出現在 while 迴圈敘述的最後一列，如此一來，程式與使用者之間的溝通才能一致。注意到當程式離開 while 之後，變數 item 的值需要減 1；因為 item 的意義是目前以合法讀入的資料項個數，如果最後因資料不適合而跳出迴圈，item 會比實際的數值多出 1，所以這裡應該扣掉。

執行的情況參考如下：

```
1. Input a number to be added: 100

2. Input a number to be added: 200

3. Input a number to be added: 300

4. Input a number to be added: 400
```

```
5. Input a number to be added: 500

6. Input a number to be added: n

There are 5 numbers entered,
    their sum is 1500.
```

最後一次我們隨意輸入字元 'n'，scanf() 無法將之轉換為合法變數，所以 scanf() 的回傳值為 0，因而跳離迴圈。

6.2　do...while 迴圈

C 語言的 do...while 迴圈結構類似 Pascal 的 repeat...until 敘述；它與 while 迴圈有些差別。while 迴圈是一種使用 " 入口條件 "(entry condition) 的控制結構，迴圈敘述必須在測試條件成立後才執行，換個角度來說，while 迴圈的本體敘述可能從未執行，也就是說，一開始時測試條件便無法成立。至於本節所要討論的 do...while 迴圈則是 " 出口條件 "(exit condition) 的結構，無論在什麼狀況下，它的本體至少將執行一次，然後才依測試條件的結果來決定下一次的迴圈循環是否該繼續。

do...while 的一般形式如下：

```
do {
    statement
} while (expression);
```

首先執行 statement 敘述 (不論是單一敘述或是複合敘述)，然後再對運算式 expression 進行求值，如果為假，迴圈敘述便就此結束，否則還要回到 statement 繼續執行，其對應流程圖如圖 6-2 所示：

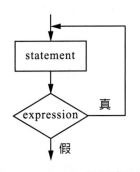

圖 6-2　do...while 迴圈流程圖

整個 do...while 同樣被視為單一敘述，別忘記 while (expression) 後面的分號。在迴圈本體中，應該要有某些敘述可使最後的測試條件變為假，否則就會陷入 " 無窮迴圈 "(infinite loop) 的狀況。

對於從 1 印到 6 的簡單問題，我們以 do...while 重做一次：

```
1   /* Ch6 dowhile.c */
2   #include<stdio.h>
3   #define MAX 6
4   int main()
5   {
6       int i;
7       i = 1;
8
9       do {
10          printf("  i = %d\n", i);
11          i++;
12      } while (i <= MAX);
13      return 0;
14  }
```

執行如下：

```
i = 1
i = 2
i = 3
i = 4
i = 5
i = 6
```

需注意的是：離開 do...while 迴圈後，變數 i 的值為 7。

一般來說，while 迴圈較為常用，因為我們總是希望先有判斷的過程，然後才採取必要的行動，而 do...while 敘述卻至少會執行一次；不過他還是有應用的時機，譬如說讀取密碼的程式，程式至少該要求使用者鍵入密碼一次，或是玩電腦遊戲，總會讓使用者先玩一次再說。底下的程式便在模擬讀取密碼的流程，當使用者連續至少三次均無法成功時，程式便會終止：

```
1   /* Ch6 passwd.c */
2   #include <stdio.h>
3   #define PASSWD 8
4   #define TRUE 1
5   #define FALSE 0
6   int main()
7   {
8       int passwd;
9       int ok, try1;
10      ok = FALSE;
11      try1 = 1;
12
13      do {
14          printf("%d. Enter your password(1~10): ", try1++);
15          scanf("%d", &passwd);
16          if (passwd == PASSWD)
17              ok = TRUE;
18          printf("\n");
19      }
20      while (!ok && (try1 <= 3));
21
22      if (ok)
23          printf("\nCongratulations!\n");
24      else
25          printf("\nYou are rejected!\n");
26      return 0;
27  }
```

程式中定義 TRUE 和 FALSE 為 1 與 0，如此一來，它們就如同所謂的
布林值 (Boolean)，即眞假值；變數 ok 一開始設為 FALSE，表示密碼尚未
正確輸入。在 do...while 迴圈中，一旦測得正確的密碼後，ok 的值立即改為
TRUE，接下來就會在最後的迴圈測試條件中被偵測出來：

```
do {
    ...
} while (!ok && (try <= 3));
```

ok 的值爲眞，所以 !ok 便爲假，根據 && 運算子的特性，求值過程到此
結束，整個測試結果爲假，所以能結束 do...while 敘述。必須注意到，另一
個足以跳離 do...while 的條件爲 (try > 3)，也就是說已經輸入三次錯誤的密碼，
程式將不再接受。

　　跳出 do...while 迴圈後，程式並不知道上述兩種情形究竟何者先發生，所以會有接下來的 if 敘述。還是看看執行二次的過程：

```
1. Enter your password(1~10): 9

2. Enter your password(1~10): 7

3. Enter your password(1~10): 8


Congratulations!
=====
1. Enter your password(1~10): 7

2. Enter your password(1~10): 6

3. Enter your password(1~10): 4


You are rejected!
```

此題只是在說明 do...while 的用法，對程式實用性不予以考量。

6.3　for 迴圈

　　for 敘述是三種迴圈形式中最具威力的一個。for 迴圈也是一種入口條件的結構，其一般形式如下：

```
for (initial; test; update)
    statement
```

　　for 是本敘述的關鍵字，小括號裡面會有三個運算式，這也是迴圈敘述的三大要素，這些運算式分別以兩個分號隔開，相對位置的運算式各有特殊的意義：

◆ initial：此敘述僅在第一次進入迴圈時執行一次，往後便不再執行。

◆ test：即一般的測試運算式，在進入迴圈本體前，test 敘述將先行求值；若求值結果為假，就立即跳出 for 迴圈；否則便執行 statement 敘述 (單一或是複合)。

◆ update：凡是執行完 statement 本體敘述後，update 敘述將接著執行，以改變某些測試條件。然後再回到 test 測試，重複同樣的循環。

這三個運算式分別可以省略，也可以有多個運算式，若省略 initial 或 test，其後面的「;」還是要寫出來。

for 迴圈的流程圖如圖 6-3 所示：

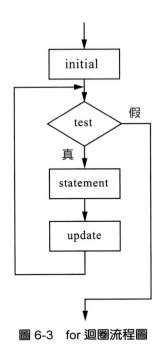

圖 6-3　for 迴圈流程圖

　　for 迴圈的 initial 部分僅執行一次，而 statement 本體敘述則有可能從未執行。還是來看看 i＝1 到 6 整數值該如何列印：

```
1    /* Ch6 for1.c */
2    #include <stdio.h>
3    #define MAX 6
4    int main()
5    {
6        int i;
7        for (i=1; i<=MAX; i++)
8            printf("  i = %d\n",i);
9
10       return 0;
11   }
```

　　這個程式和 while.c 程式的輸出結果相同，看起來是否簡潔許多，因為 for 迴圈把變數的初值設定、測試條件、以及更新運算等通通集中在一個小括號內，這樣將比較容易看出程式的意圖，也可避免犯下無窮迴圈的錯誤。

　　for1.c 的程式也可以改為以下兩種：

```
(1)
    int i=1;
    for (; i <= MAX; i++)
        printf("  %d\n", i);
(2)
    int i=1;
    for (; i <= MAX; ){
        printf("  %d\n", i);
        i++;
    }
```

　　若 for 迴圈中的 test 敘述省略時，則判斷式恆為眞。

```
1   /* Ch6 for2.c */
2   #include <stdio.h>
3   int main()
4   {
5       int item;
6       int num;
7
8       item = 1;
9       printf("      Number       Square\n\n");
10      for (num=1; num*num<500; num+=4){
11          printf("%d.",item++);
12          printf("     %2d      %4d\n", num, num*num);
13      }
14
15      return 0;
16  }
```

　　變數的更新並非每次只能加 1，像本例中以

```
num += 4
```

　　每次讓 num 增加 4；另一方面，如果我們關心的並非 num 值的大小，而是它的平方值，那麼也可以利用底下的測試條件

```
num * num < 500;
```

程式的輸出結果為：

```
        Number           Square

1.        1                1
2.        5               25
3.        9               81
4.       13              169
5.       17              289
6.       21              441
```

以上三種迴圈敘述是可以交互使用的。

若 while 迴圈敘述為

```
initial
while (test) {
    statement
    update
}
```

則可用 for 敘述簡單地濃縮為

```
for (initial ; test ; update)
    statement
```

或以 do...while 迴圈敘述表示如下：

```
initial
do {
    statement
    update
} while(test);
```

6.4　逗號運算子

　　逗號 (,) 除了在變數宣告時用來分隔同類型的變數名稱外，它本身還是一種運算子，稱作逗號運算子 (comma operator)。

　　多於一個以上的運算式可用逗號加以分隔，它有兩種重要的特性。

1.　所有被逗號分隔的運算式，將按由左向右的方向依序加以求值。

2. 整個逗號運算式的值乃為最右邊之運算式的值。

逗號運算子大大擴展了 for 迴圈的彈性，因為它允許在 for 迴圈內部同時初始化兩個以上的變數值，或是做出複雜的更新運算。看看下面的例子：

```
1    /* Ch6 comma.c */
2    #include <stdio.h>
3    int main()
4    {
5        int x,y,z;
6
7        printf("   x      y\n\n");
8        for (x=1, y=10; x<=6 && y<=60; x++, y=y+10)
9            printf("   %d    %d\n", x, y);
10       printf("\n");
11
12       z = (x=100, (y=1000)+14);
13       printf("x = %d   y = %d   z = %d\n", x, y, z);
14       return 0;
15   }
```

首先看到 for 迴圈，先以

        x=1, y=10;

將變數 x 和 y 設定初值，注意到乃由 x 先取得數值 1，然後 y 才會拿到 10。我們在 for 迴圈的更新運算式中同樣用到逗號運算子，它可一次把兩個變數加以變化。我們來看看輸出結果：

```
     x      y

     1     10
     2     20
     3     30
     4     40
     5     50
     6     60

x = 100  y = 1000   z = 1014
```

最後有一條運算式：

    z =(x=100, (y=1000) + 14);

變數 x 先取得 100，然後才是 y 成為 1000；而整個運算式的值乃為最右邊運算式的值，該值是 1014，這個值再指定給 z 而完成該敘述，由輸出結果即可得到證明。

6.5　算術指定運算子

C 語言擁有很多指定運算子，= 當然是最基本的一個，它會把右邊運算元的值指定給左側的變數，至於其他的複合運算子，則會採取進一步的行動，如表 6-1 所示：

表 6-1　算術指定運算子

運算子	意義
+=	把右邊的量值加到左邊的變數
-=	把左邊的變數減去右邊的數值
*=	把左邊的變數乘上右邊的數值
/=	把左邊的變數除以右邊的數值
%=	把左邊的變數除以右邊的數值，並取其餘數

舉幾個範例來說明：

```
add += num;   相當於   add = add + num;
minu -= num;  相當於   minu = minu - num;
mult *= num;  相當於   mult = mult * num;
div /= num;   相當於   div = div / num ;
mod %= num;   相當於   mod = mod % num ;
```

對於各種算術指定運算子而言，左邊必定是個變數，而右方則允許為複雜的運算式，譬如底下的例子

```
complex *= 8 + (num / size) ;
```

即相當於

```
complex = complex * (8 + (num / size));
```

　　所有的算術指定運算子和基本的指定運算子都擁有相同的優先順序，而且作用方向均爲由右到左。

　　算術指定運算子雖然沒有更進一步的功能，不過它們卻能使程式碼更加簡潔，同時也形成 C 語言的另一種風格。以底下的例子來說：

```
1   /* Ch6 assigns.c */
2   #include <stdio.h>
3   int main()
4   {
5       int i;
6       int x,y;
7
8       printf("   2+plus    2*times\n\n");
9       for (i=x=y=1; i<=8; i++, x+=2, y*=2)
10          printf("   %2d        %4d\n", x, y);
11
12      return 0;
13  }
```

　　由於逗號運算子和算術指定運算子的協助，使得 for 迴圈十分清晰。這個例子顯示出等比級數成長幅度的驚人：

2+plus	2*times
1	1
3	2
5	4
7	8
9	16
11	32
13	64
15	128

6.6　巢狀迴圈

　　如巢狀式 if 敘述一般，迴圈也可以彼此巢狀 (nested)，但要特別注意各敘述間歸屬的問題。巢狀迴圈若是兩層，則可分為內迴圈與外迴圈。我們舉一例子說明，如下所示：

```
1    /* nestLoop.c */
2    #include <stdio.h>
3    int main()
4    {
5        int i, j;
6        for (i=1; i<=5; i++) {
7            printf(" i=%d\n", i);
8            for (j=1; j<=3; j++)
9                printf("    j=%d\n", j);
10           printf("\n");
11       }
12       return 0;
13   }
```

　　此程式的外迴圈變數 i 是由 1 變化至 5，而內迴圈變數 j 是由 1 變化至 3。當外迴圈 i 是 1 時，內迴圈 j 將執行 3 次，再回到外迴圈，將 i 遞增 1，內迴圈 j 又將執行 3 次，持續進行，直到 i 大於 5 為止。

　　輸出如下：

```
i=1
    j=1
    j=2
    j=3

i=2
    j=1
    j=2
    j=3

i=3
    j=1
    j=2
    j=3

i=4
    j=1
```

```
        j=2
        j=3

i=5
        j=1
        j=2
        j=3
```

　　底下我們分別以 while 迴圈和 for 迴圈實作出另一種九九乘法表；巢狀迴圈的應用和威力可由這裡看出。先試試 while 迴圈的版本：

```
1    /* Ch6 while99.c */
2    #include <stdio.h>
3    int main()
4    {
5        int i,j;
6
7        i = 1;
8        while (i <= 9) {
9            j = 1;
10           while (j <= 9) {
11               printf("%4d", i*j);
12               j++;
13           }
14           printf("\n");
15           i++;
16       }
17       return 0;
18   }
```

　　觀念上來說，變數 i 代表九九乘法表的列註標 (row index)，而 j 則為行註標 (column index)。外層的 while 迴圈負責每一列的處理，內層的 while 迴圈則職司乘數的變化，這個乘數每次都要從 1 到 9 ；而外層的被乘數 i 則是等到內層處理完畢後才會加 1，範圍同為 1 至 9。

　　特別注意到，外層迴圈必須等內層迴圈的循環次數終結後，才會有進一步的更新動作；所以在 while(j <= 9) 之前，記得要把 j 的初值重設為 1。此外，當內層迴圈處理妥善之後，又利用 printf() 印出一個新列字元而加以換列，這樣才會有整齊的格式。輸出如下：

```
1    2    3    4    5    6    7    8    9
2    4    6    8   10   12   14   16   18
3    6    9   12   15   18   21   24   27
4    8   12   16   20   24   28   32   36
5   10   15   20   25   30   35   40   45
6   12   18   24   30   36   42   48   54
7   14   21   28   35   42   49   56   63
8   16   24   32   40   48   56   64   72
9   18   27   36   45   54   63   72   81
```

九九乘法表的問題若以 for 迴圈來處理，那就更加完美了：

```
1   /* Ch6 for99.c */
2   #include <stdio.h>
3   int main()
4   {
5       int i, j;
6
7       for (i=1; i<=9; i++) {
8           for (j=1; j<=9; j++)
9               printf("%4d", i*j);
10          printf("\n");
11      }
12      return 0;
13  }
```

由於變數初始化、測試條件以及更新動作都放在同一個地方，使得程式邏輯更便於思考，設計時也不易出錯；程式中還要小心何時可以省略大括弧，何時又該加以標示。執行的情況仍然很好：

```
1    2    3    4    5    6    7    8    9
2    4    6    8   10   12   14   16   18
3    6    9   12   15   18   21   24   27
4    8   12   16   20   24   28   32   36
5   10   15   20   25   30   35   40   45
6   12   18   24   30   36   42   48   54
7   14   21   28   35   42   49   56   63
8   16   24   32   40   48   56   64   72
9   18   27   36   45   54   63   72   81
```

前面兩個例子的巢狀迴圈都很單純，內、外層迴圈之間並沒有多大的關聯；事實上，內層迴圈也可以利用到外層迴圈的變數。底下就有兩個範例：

```
1    /* Ch6 fornest1.c */
2    #include <stdio.h>
3    int main()
4    {
5        char row, column;
6
7        for (row='A'; row <='G'; row++) {
8            for (column=row; column<='G'; column++)
9                printf("%2c", column);
10           printf("\n");
11       }
12       return 0;
13   }
```

　　外層迴圈將使 row 的值從'A'到'G'，內層迴圈則為從 row 到'G'，所以第一列將從'A'開始印出 7 個字元，第二列從'B'開始印出 6 個字元，接下來會依序遞減：

```
A B C D E F G
B C D E F G
C D E F G
D E F G
E F G
F G
G
```

　　如果我們稍微改變內層迴圈的結構，情形將大為不同，程式是這樣的：

```
1    /* Ch6 fornest2.c */
2    #include <stdio.h>
3    int main()
4    {
5        char row, column;
6
7        for (row='A'; row <='G'; row++) {
8            for(column='A'; column<=row; column++)
9                printf("%2c", column);
10           printf("\n");
11       }
12       return 0;
13   }
```

這次的輸出將變成：

```
A
A B
A B C
A B C D
A B C D E
A B C D E F
A B C D E F G
```

您可以自行驗證看看，最好試試其他的寫法，是否能造出更有趣的結果。

巢狀結構並不限於只有兩層，當然，愈多層的巢狀迴圈，所導致的流程也愈形複雜。巢狀迴圈最常應用於陣列結構，尤其是二維陣列，我們會在第 8 章陣列來討論二維陣列與其操作方式。

6.7　break 敘述與 continue 敘述

前一章裡介紹 switch 敘述時，曾經說過 break 敘述可強迫程式流程跳出 switch 的範圍。本章討論的各種迴圈形式，在正常情況下一旦進入迴圈本體後，所有的本體敘述都將完整執行，然後才進行下一次的測試條件；然而這一節的主題 break 和 continue 敘述，卻可使迴圈立即終止，或是逕行下一次的循環。

6.7.1　break 敘述

迴圈內的 break 敘述可結束該迴圈的執行，它能應用於各種迴圈形式；有了這個敘述，程式的設計將更為直接。譬如底下的例子：

```
1    /* Ch6 break.c */
2    #include <stdio.h>
3    int main()
4    {
5        char ch;
6        //printf("Press 'Q' or 'q' to quit: ");
7        while (1) {
```

```
8            printf("\nPress 'Q' or 'q' to quit: ");
9            ch = getchar();
10           if ((ch == 'Q') || (ch == 'q')){
11               printf("\nQuit !\n");
12               break;
13           }
14           printf("   Key <%c> continued...\n", ch);
15           while (getchar() != '\n')
16               continue;
17       }
18       printf("Bye bye !\n");
19       return 0;
20  }
```

程式中有個無窮迴圈：

```
while (1)
```

我們必須要有一個途徑足以離開該迴圈，這裡用的方法就是 break 敘述；
此種作法似乎要比底下的程式碼易於理解：

```
while ((ch = getchar()) && (ch != 'Q') && (ch != 'q'))
```

看看程式 break.c 的執行結果

```
Press 'Q' or 'q' to quit: a
   Key <a> continued...

Press 'Q' or 'q' to quit: b
   Key <b> continued...

Press 'Q' or 'q' to quit: c
   Key <c> continued...

Press 'Q' or 'q' to quit: q

Quit !
Bye bye !
```

對於巢狀式迴圈結構而言，break 敘述的影響力僅止於包括該敘述的迴
圈，它無法瘋狂地跳出整個巢狀迴圈。例如：

```
for ( ; ; ) {
   for ( ; ; )
      break;
   printf("message1.");
}
printf("message2.");
```

當內層 for 迴圈中遇到 break 時，僅有內層迴圈將被脫離，本例中接著會印出 "message1." 的訊息；然後又回到外層的 for 迴圈。在這個例子裡，仍然會發生無窮迴圈的情況；如果真的很想從極內層迴圈一下跳離最外層迴圈，那麼不妨考慮 goto 敘述，這也是使用 goto 唯一能被原諒的理由，不過還是要盡量克制，因此本書不討論 goto 敘述。

6.7.2　continue 敘述

continue 也能應用於上述的三種迴圈形式中，當程式遇到 continue 敘述時，迴圈本體的其餘敘述都將被忽略，而從下一次的迴圈循環開始。

和 break 有個共同點，當 continue 位於巢狀迴圈的內層時，影響所及僅為包含該敘述的內部結構。continue 和 break 基本上的差異圖示如圖 6-4 和 6-5：

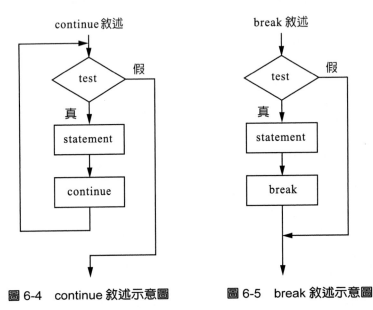

圖 6-4　continue 敘述示意圖　　　　圖 6-5　break 敘述示意圖

continue 的使用有時是為了讓程式意圖更加清楚，例如底下的例子：

```
while (getch() != '\n')
    ;
```

我們想忽略所有異於 '\n' 的字元，直到鍵入 '\n' (鍵入 Enter) 時才允許離開迴圈；程式碼中以空敘述 (null statement) 來達成目的，但這麼做似乎不甚明顯，有了 continue 就好多了：

```
while(getchar() != '\n')
    continue;
```

還是來看個實際的應用範例：

```
1   /* Ch6 continue.c */
2   #include <stdio.h>
3   int main()
4   {
5       int score;
6       int total = 0;
7       int item = 0;
8
9       printf("  %d. Input score: ", ++item);
10      while (scanf("%d", &score) == 1) {
11          if ((score < 0) || (score > 100)){
12              printf("Invalid score ! Try again : ");
13              continue;
14          }
15          total += score;
16          printf("  %d. Input score: ", ++item);
17      }
18      item--;
19      printf("\nThere are %d scores,\n", item);
20      printf("  Total: %d, Average: %.2f\n", total, (double)total/item);
21      return 0;
22  }
```

每當輸入的資料不合法時，就在印出提示訊息後回到 while 迴圈的測試；如果不這麼做，那只好採取 if...else 敘述了。

執行範例如下：

```
   1. Input score: 90
   2. Input score: -90
Invalid score ! Try again : 100
   3. Input score: 89
   4. Input score: 78
   5. Input score: 76
   6. Input score: a

There are 5 scores,
   Total: 433, Average: 86.60
```

有個小地方要留意，最後一條 printf() 敘述中印出分數的平均值時，我們利用轉型運算子將原來的型態變換為浮點數。

6.8　摘要

本章主要在討論三種迴圈結構：while、do...while，以及 for 迴圈等等，每一種迴圈都有其應用的時機，但以 for 迴圈最簡潔。各個迴圈都可以互相巢狀在一起，如此一來將可實作出許多有用的程式。

逗號運算子、複合指定運算子，以及 break 和 continue 等迴圈相關敘述，一方面使迴圈結構較為簡潔，另一方面也使迴圈運作更有彈性。

6.9　上機練習

1.

```
1   //p6-1.c
2   #include <stdio.h>
3   int main()
4   {
5       char i;
6       for (i='a'; i<='z'; i++)
7           printf("%2c", i);
8       printf("\n");
9
10      return 0;
11  }
```

2.

```
1   //p6-2.c
2   #include <stdio.h>
3   int main()
4   {
5       char i = 'a';
6       for (; i<='z'; i++)
7           printf("%2c", i);
8       printf("\n");
9
10      return 0;
11  }
```

3.

```
1   //p6-3.c
2   #include <stdio.h>
3   int main()
4   {
5       char i = 'a';
6       for (; i<='z';) {
7           printf("%2c", i);
8           i++;
9       }
10      printf("\n");
11
12      return 0;
13  }
```

4.

```
1   //p6-4.c
2   #include <stdio.h>
3   int main()
4   {
5       int i, total = 0;
6       for (i=1; i++<=100;)
7           total += i;
8       printf("total = %d, i = %d\n", total, i);
9
10      return 0;
11  }
```

5.

```
1   //p6-5.c
2   #include <stdio.h>
3   int main()
4   {
5       int i, total = 0;
6       for (i=1; ++i<=100;)
7           total += i;
8       printf("total = %d, i = %d\n", total, i);
9
10      return 0;
11  }
```

6.

```
1   //p6-6.c
2   #include <stdio.h>
3   int main()
4   {
5       int i, num, total=0;
6       for (i=1; i<=5; i++) {
7           printf("Please input a number: ");
8           scanf("%d", &num);
9           if (num < 0)
10              continue;
11          total += num;
12          printf("i = %d, num = %d\n\n", i, num);
13      }
14      printf("total = %d\n", total);
15
16      return 0;
17  }
```

7.

```
1    //p6-7.c
2    #include <stdio.h>
3    int main()
4    {
5        int i, num, total=0;
6        for (i=1; i<=5; i++) {
7            printf("Please input a number: ");
8            scanf("%d", &num);
9            if (num < 0)
10               break;
11           total += num;
12           printf("i = %d, num = %d\n\n", i, num);
13       }
14       printf("total = %d\n", total);
15
16       return 0;
17   }
```

8.

```
1    //p6-8.c
2    #include <stdio.h>
3    int main()
4    {
5        char row, column;
6        for (row='A'; row <='G'; row++) {
7            for(column='G'; column >= row; column--)
8                printf("%2c", column);
9            printf("\n");
10       }
11
12       return 0;
13   }
```

9.

```
1    //p6-9.c
2    #include <stdio.h>
3    #define MAX 6
4    int main()
5    {
6        int i;
7        i = 0;
8        while (++i < MAX)
9            printf(" %d\n", i);
10
11       return 0;
12   }
```

10.

```
1   //p6-10.c
2   #include <stdio.h>
3   #define MAX 6
4   int main()
5   {
6       int i;
7       i = 0;
8       while (i < MAX){
9           i++;
10          printf(" %d\n", i);
11      }
12
13      return 0;
14  }
```

11.

```
1   //p6-11.c
2   #include <stdio.h>
3   #define MAX 6
4   int main()
5   {
6       int i;
7       i = 0;
8       while (i++ < MAX){
9           printf(" %d\n", i);
10      }
11
12      return 0;
13  }
```

6.10　除錯題

1.

```
1   //d6-1.c
2   #include <stdio.h>
3   int main()
4   {
5       printf(" 印出整數 1~10:\n");
6       For (int i=1: i<=10: i++)
7           printf("%d\n", i);
8
9       return 0;
10  }
```

2.

```
1   //d6-2.c
2   #include <stdio.h>
3   int main()
4   {
5       int i;
6       for (i=1; i<=5; i+1)
7           printf(" 小明正在跑步 ...\n");
8           printf(" 小明跑完了第 %d 圈 \n\n", i);
9       printf(" 小明跑完了 !!!\n");
10
11      return 0;
12  }
```

3.

```
1   //d6-3.c
2   #include <stdio.h>
3   int main()
4   {
5       int i, total;
6       for (i=1; i<100; i++)
7           total + i;
8       printf("1 加到 100 的總和為 %d\n", total);
9
10      return 0;
11  }
```

4.

```
1   //d6-4.c
2   #include <stdio.h>
3   int main()
4   {
5       int i=1, total=0;
6       while (i <= 100)
7           i++;
8           total += i;
9       printf(" 整數 1~100 的總和為 %d\n", total);
10
11      return 0;
12  }
```

5.

```
1   //d6-5.c
2   #include <stdio.h>
3   int main()
4   {
5       int i=1, total=0;
6       do {
7           total += ++i;
8       } while(i <= 100);
9       printf("1 加到 100 的總和為 %d\n", total);
10
11      return 0;
12  }
```

6.

```
1   //d6-6.c
2   #include <stdio.h>
3   int main()
4   {
5       int i, j;
6       printf(" 九九乘法表 :\n\n");
7       for (i=1; i<=9; i++)
8           for (j=1; j<=9; j++)
9               printf("%d*%d=%2d ", j, i, i*j);
10          printf("\n");
11
12      return 0;
13  }
```

6.11　程式實作

1. 試設計下列二個九九乘法表，其輸出格式如下 (a)，(b) 所示：

```
(a)
1*1= 1   1*2= 2   1*3= 3   1*4= 4   1*5= 5   1*6= 6   1*7= 7   1*8= 8   1*9= 9
2*1= 2   2*2= 4   2*3= 6   2*4= 8   2*5=10   2*6=12   2*7=14   2*8=16   2*9=18
3*1= 3   3*2= 6   3*3= 9   3*4=12   3*5=15   3*6=18   3*7=21   3*8=24   3*9=27
4*1= 4   4*2= 8   4*3=12   4*4=16   4*5=20   4*6=24   4*7=28   4*8=32   4*9=36
5*1= 5   5*2=10   5*3=15   5*4=20   5*5=25   5*6=30   5*7=35   5*8=40   5*9=45
6*1= 6   6*2=12   6*3=18   6*4=24   6*5=30   6*6=36   6*7=42   6*8=48   6*9=54
7*1= 7   7*2=14   7*3=21   7*4=28   7*5=35   7*6=42   7*7=49   7*8=56   7*9=63
8*1= 8   8*2=16   8*3=24   8*4=32   8*5=40   8*6=48   8*7=56   8*8=64   8*9=72
9*1= 9   9*2=18   9*3=27   9*4=36   9*5=45   9*6=54   9*7=63   9*8=72   9*9=81

(b)
1*1= 1   2*1= 2   3*1= 3   4*1= 4   5*1= 5   6*1= 6   7*1= 7   8*1= 8   9*1= 9
1*2= 2   2*2= 4   3*2= 6   4*2= 8   5*2=10   6*2=12   7*2=14   8*2=16   9*2=18
1*3= 3   2*3= 6   3*3= 9   4*3=12   5*3=15   6*3=18   7*3=21   8*3=24   9*3=27
1*4= 4   2*4= 8   3*4=12   4*4=16   5*4=20   6*4=24   7*4=28   8*4=32   9*4=36
1*5= 5   2*5=10   3*5=15   4*5=20   5*5=25   6*5=30   7*5=35   8*5=40   9*5=45
1*6= 6   2*6=12   3*6=18   4*6=24   5*6=30   6*6=36   7*6=42   8*6=48   9*6=54
1*7= 7   2*7=14   3*7=21   4*7=28   5*7=35   6*7=42   7*7=49   8*7=56   9*7=63
1*8= 8   2*8=16   3*8=24   4*8=32   5*8=40   6*8=48   7*8=56   8*8=64   9*8=72
1*9= 9   2*9=18   3*9=27   4*9=36   5*9=45   6*9=54   7*9=63   8*9=72   9*9=81
```

2. 試撰寫一程式輸出下列圖形

```
(a)                     (b)
    *                       * * * * *
    * *                     * * * *
    * * *                   * * *
    * * * *                 * *
    * * * * *               *
    * * * *                 * *
    * * *                   * * *
    * *                     * * * *
    *                       * * * * *
```

3. 利用 while、do...while 及 for 迴圈，計算 1+2+3+...+100。

4. 利用某一迴圈敘述輸入 20 個整數，計算輸入的整數中有多少個奇數，有多少個偶數。

5. 利用 for 迴圈和 continue 敘述由 1 執行到 100，將偶數的數字相加，並輸出其結果。

6. 撰寫一程式來判斷輸入的整數是否為質數 (prime number)，並利用迴圈輸入多個整數。

NOTE......

07

函式與儲存類別

我們幾乎可以說 C 程式是由函式建構而成的，在前面的章節中，每個程式內似乎都僅有一個 main() 函式，而在 main() 之中則用到許多 C 函式庫 (library) 提供的函式，像是 printf()、scanf()、getchar() 等等，這些函式會負責某些特定的工作；本章我們將告訴您如何建構自己的函式，同時也將對函式的重要觀念做一番探討。

7.1　函式的基本觀念

函式 (function) 或函數乃是 C 語言中為完成特定工作的獨立單位，它和其他語言的副程式 (subprogram)、以及程序 (procedure) 等都扮演著類似的角色；C 語言的函式更具一般性，它可能僅僅處理一些特定的動作，也可能回傳適當的資料以供程式利用，大多數的函式均能引發動作並回傳數值。

首先我們要介紹幾個使用函式的好理由：

◆ 函式可避免重複動作的設計，如果程式中常常執行某些類似的動作，那麼只要提供一份適當的函式就夠了。

◆ 函式可使程式更加模組化 (modularity)，而讓程式較為易讀。

◆ 函式就如同是個「黑盒子」。我們所關心的是函式可能引發的動作，以及它可能回傳的反應；函式內部的細節並非我們所關心，除非自己要設計這個函式。

◆ 函式能使程式的管理與維護更有效率。每當設計好一個小函式時，可以馬上對其加以測試，由於處理的動作較為單純，偵錯起來當然比較方便；另一方面，往後若是對程式的作法不甚滿意時，也只要修改相關的函式就可以了，不至於牽扯到整體程式的架構。

以上都是一些原則性的說明，您慢慢就能體會它們的涵義。為了讓函式充分幫助我們程式的設計工作，最基本的還是要知道 C 語言的函式究竟是什麼樣子，函式該如何定義、函式該如何宣告、函式又該如何呼叫？底下就以實際的程式範例來說明。

首先要看看一個不使用函式的例子：

```
1   /* Ch7 title1.c */
2   #include <stdio.h>
3   int main()
4   {
5       char ch;
6
7       printf("\n\n    MENU\n\n");
8       printf(" [1] one     [2] two\n");
9       printf(" [3] three   [4] four\n");
10      printf("\n  Choose ===> ");
11      ch = getchar();
12      printf("\n  Echo : ");
13      switch (ch){
14          case '1' :  printf("ONE");
15                      break;
16          case '2' :  printf("TWO");
17                      break;
18          case '3' :  printf("THREE");
19                      break;
20          case '4' :  printf("FOUR");
21      }
22      printf("\n");
23      while (getchar() != '\n')
24          continue;
25
26      printf("\n\n    MENU\n\n");
27      printf(" [1] one     [2] two\n");
28      printf(" [3] three   [4] four\n");
29      printf("\n  Choose ===> ");
30      ch = getchar();
31      printf("\n  Echo : ");
32      switch (ch){
33          case '1' :  printf("ONE");
34                      break;
35          case '2' :  printf("TWO");
36                      break;
37          case '3' :  printf("THREE");
38                      break;
39          case '4' :  printf("FOUR");
40      }
41
42      return 0;
43  }
```

　　所有動作都集中於 main() 函式內部，不難看出程式中有重複的動作，像
是列印功能表 (menu) 的部分就出現了兩次，接下來對輸入字元的判定工作
也有雷同。其輸出結果如下所示：

```
        MENU

[1] one          [2] two
[3] three        [4] four

        Choose ===> 1
        Echo : ONE


        MENU

[1] one          [2] two
[3] three        [4] four

        Choose ===> 4
        Echo : FOUR
```

我們當然不能以此為滿足，首先就針對功能表的列印稍做一番修飾，也就是把這部分的程式碼獨立出來，程式中只要保留一份就已足夠，想要使用時僅需透過簡單的函式呼叫 (function call) 即可。

```c
1    /* Ch7 title2.c */
2    #include <stdio.h>
3    void title(void);
4    int main()
5    {
6        char ch;
7
8        title();
9        printf("\n  Choose ===> ");
10       ch = getchar();
11       printf("\n  Echo : ");
12       switch (ch){
13           case '1' :  printf("ONE");
14                       break;
15           case '2' :  printf("TWO");
16                       break;
17           case '3' :  printf("THREE");
18                       break;
19           case '4' :  printf("FOUR");
20       }
21       printf("\n");
22       while (getchar() != '\n')
23           continue;
24
25       title();
```

```
26      printf("\n  Choose === > ");
27      ch = getchar();
28      printf("\n  Echo : ");
29      switch(ch){
30          case '1' :  printf("ONE");
31                      break;
32          case '2' :  printf("TWO");
33                      break;
34          case '3' :  printf("THREE");
35                      break;
36          case '4' :  printf("FOUR");
37      }
38      return 0;
39  }
40
41  void title(void)
42  {
43      printf("\n\n     MENU\n\n");
44      printf(" [1] one     [2] two\n");
45      printf(" [3] three   [4] four\n");
46  }
```

　　我們自行定義一個函式，程式中主要有三個地方出現；最簡單的莫過於函式裡的呼叫，例如第一列的

```
title();
```

　　這時候的程式控制權將移轉到 title() 函式的實際程式碼位置，然後執行其中的命令，由於該函式不需要參數，所以小括弧內是空的；但特別要注意，即使不需要參數，小括弧也不能省略。當 title() 的實際動作完成後，程式主控權又回到當初呼叫 title() 函式的下一條敘述，本例中即為 main() 裡面的 printf() 敘述，示意圖如圖 7-1 所示：

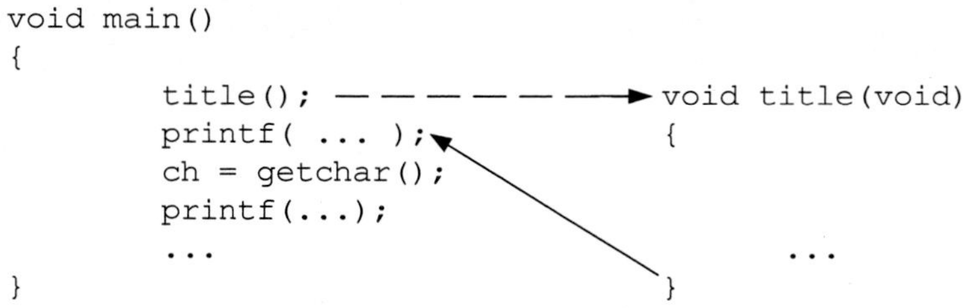

```
void main()
{
        title();  ─ ─ ─ ─ ─ ─▶ void title(void)
        printf( ... );          {
        ch = getchar();
        printf(...);
        ...                          ...
}                               }
```

圖 7-1　函式呼叫示意圖

前面提到的實際程式碼乃位於程式中最後的部分，它有如下的外觀：

```
void title(void)
{
       ...
}
```

程式就如同 main() 函式一般，其中也有個 void；關鍵字，void 為 ANSI C 所建議，它代表的是「空」資料。第一個 void 表示函式 title() 不會有任何回傳值；而小括弧內的 void 則代表此函式不需要任何參數，此處的 void 可以省略。接下來的大括號內部即為函式 title() 真正處理的事。

另外一個出現 title() 名稱的地方則位於 main() 函式之前：

```
void title(void);
```

這是函式宣告的一個範例，它通知編譯程式說程式中有個 title() 函式，此函式無需參數，也不會有回傳值；由於這是宣告的部分，所以不要忘記最後要加上分號；至於前面提到的 title() 本體，則為函式的「定義」(define) 部分，在這種情形下，小括弧後面就不能加上分號了。

看看這樣的作法能否運作：

```
        MENU

[1] one        [2] two
[3] three      [4] four

     Choose ===> 1
     Echo: ONE


        MENU

[1] one        [2] two
[3] three      [4] four

     Choose === > 3
     Echo:  THREE
```

　　C 程式的流程就是藉由函式的呼叫與返回而運作，為了讓您更有印象，我們把前面的程式再加以整理：

```
1    /* Ch7 title3.c */
2    #include <stdio.h>
3    void title(void);
4    void choose(char);
5    void flushBuffer(void);
6
7    int main()
8    {
9        char ch;
10
11       title();
12       printf("\n  Choose ===> ");
13       ch = getchar();
14       printf("\n  Echo : ");
15       choose(ch);
16       printf("\n");
17       flushBuffer();
18
19       title();
20       printf("\n  Choose ===> ");
21       ch = getchar();
22       printf("\n  Echo : ");
23       choose(ch);
24       return 0;
25   }
26
27   void title(void)
28   {
29       printf("\n\n     MENU\n\n");
30       printf(" [1] one    [2] two\n");
31       printf(" [3] three  [4] four\n");
32   }
33
34   void choose(char ch)
35   {
36       switch (ch){
37           case '1' :  printf("ONE");
38                       break;
39           case '2' :  printf("TWO");
40                       break;
41           case '3' :  printf("THREE");
42                       break;
43           case '4' :  printf("FOUR");
44       }
```

```
45  }
46
47  void flushBuffer()
48  {
49      while (getchar() != '\n')
50          continue;
51  }
```

這一次我們又獨立出 choose() 函式，它仍然沒有回傳值，不過卻有一個參數，所以我們把它宣告成

```
void choose(char);
```

而在實際呼叫時就必須於小括弧內給定一個 char 型態的參數；有關函式參數的進一步觀念，我們會於下一節說明。

還有一個函式原型是：

```
void flushBuffer(void);
```

此函式不帶參數，其主要功能是清空緩衝區內的字元。

在前面的函式中，main() 內部的程式碼仍然頗為瑣碎，底下就再將其簡化：

```
1   /* Ch7 title4.c */
2   #include <stdio.h>
3   void process(void);
4   void title(void);
5   void choose(char);
6   void flushBuffer(void);
7
8   int main()
9   {
10      process();
11      flushBuffer();
12      process();
13      return 0;
14  }
15
16  void process(void)
17  {
```

```
18      char ch;
19
20      title();
21      printf("\n  Choose ===> ");
22      ch = getchar();
23      printf("\n  Echo : ");
24      choose(ch);
25      printf("\n");
26  }
27
28  void title(void)
29  {
30      printf("\n\n       MENU\n\n");
31      printf(" [1] one      [2] two\n");
32      printf(" [3] three   [4] four\n");
33  }
34
35  void choose(char ch)
36  {
37      switch (ch){
38          case '1' :  printf("ONE");
39                      break;
40          case '2' :  printf("TWO");
41                      break;
42          case '3' :  printf("THREE");
43                      break;
44          case '4' :  printf("FOUR");
45      }
46  }
47
48  void flushBuffer()
49  {
50      while (getchar() != '\n')
51          continue;
52  }
```

　　您只要記得：當程式遇到函式呼叫時，程式流程便會移轉到實際的程式碼所在，直到該函式返回後，才能接下去繼續執行；您可以自行追蹤多層式呼叫的情形。

7.2　函式參數

　　前一節已經看過函式參數的使用情形。事實上，在 printf() 和 scanf() 中已曾大量使用過參數，只不過現在我們必須關心如何自行處理函式的參數。首先提出一個簡單的例子，從這個例子裡，我們可以看到不少觀念：

```
1    /* Ch7 para.c */
2    #include <stdio.h>
3    void list(char, int);
4    int main()
5    {
6        int i;
7        list('*', 10);
8        list('#', 15);
9
10       i = 20;
11       list('A', i);
12       return 0;
13   }
14
15   void list(char ch, int count)
16   {
17       int i;
18
19       for (i=1; i<=count; i++)
20           printf("%c",ch);
21       printf("\n");
22   }
```

　　函式 list() 接受兩個參數：

```
void list(char ch, int count)
```

　　一個是 char 型態，另一個為 int 型態，函式仍然沒有回傳值。在程式一開始的宣告部分

```
void list(char, int);
```

　　小括弧內說明此函式需要二個參數：一為 char；二為 int 的資料型態。函式宣告最主要的目的，就是告知編譯程式該函式的回傳值型態及需要參數的個數及型態。

函式 list() 的功能為連續印出 count 個 ch 字元，所以我們在呼叫 list() 時必須提供兩個參數：實際出現的字元，以及重複的次數，譬如第一次的呼叫：

```
list('*', 10);
```

這裡的參數 '*' 和 10 謂之為「實際參數」(actual parameter)，它可以是常數、變數或是運算式；至於函式定義部分

```
void list(char ch, int count)
{
   ...
}
```

此處的 ch 與 count 則為「形式參數」(formal parameter)。當函式呼叫發生時，實際參數的值便會複製給相對應的形式參數，本例中即為

```
ch ← '*'
count ← 10
```

於是 list() 函式本體內部便可使用這些變數的值。我們先來看看執行結果：

```
**********
###############
AAAAAAAAAAAAAAAAAAAAA
```

程式中另外有個重點值得注意：您是否觀察到 main() 與 list() 函式本體內各宣告了一個 int 變數 i；事實上，它們是完全不同的兩個變數。宣告於函式內部的參數若是沒有特別指明，那麼它們將完全私屬於該函式本身，外界看不到它們，也無從使用它們；即使兩個函式宣告了同名的變數，它們也不至於彼此混淆，而都能各自保有原來的資料。

譬如本例中在 list() 的 for 迴圈內雖然把 i 值重設為 1，並以遞增運算作用其上，但 main() 函式內部的變數 i 始終保持數值 20；這類私有 (private) 於函式的變數即為「區域變數」(local variable)。

7.3　具有回傳值的函式

我們一直強調，所有的 C 運算式都會有一個值，函式也不例外，每個 C 函式都該回傳一個值；即使我們不需要這個回傳值 (return value)，在宣告時也該加以表明。

函式應該以適當的型態先行宣告，一個具有回傳值的函式應該加以宣告與回傳值相同的資料型態；至於沒有回傳值的函式，則必須宣告成 void 型態。

具有回傳值的函式在返回後，可將這個回傳值指定給其他變數，或是運用於其他運算式中；另一方面，我們也可以完全不理會這個回傳值。例如：常用的 printf() 函式，它的回傳值是 int 型態，但我們通常都不太在意；另一個函式 scanf 則會回傳 int 值，此回傳值是讀入正確資料的個數。

接下來，我們將示範如何設計具有回傳值的函式，最主要的關鍵字就是 return：

```
1    /* Ch7 ret1.c */
2    #include <stdio.h>
3    int get_int(void);
4    int find_max(int, int);
5
6    int main()
7    {
8        int a, b, max;
9        a = get_int();
10       b = get_int();
11
12       max = find_max(a, b);
13       printf("\nMAX(%d, %d) is %d.\n", a, b, max);
14       return 0;
15   }
16
17   int get_int(void)
18   {
19       int num;
20       printf("Input a valid integer: ");
21       while (scanf("%d", &num) != 1) {
22           while (getchar() != '\n')
23               continue;
```

```
24           printf("Input error! Please input again: ");
25       }
26       return (num);
27  }
28
29  int find_max(int x, int y)
30  {
31       if (x > y)
32            return (x);
33       else
34            return (y);
35  }
```

本例中出現兩個函式，get_int() 和 find_max()。首先來看看 find_max()：

```
int find_max(int x, int y)
{
    if (x > y)
        return (x);
    else
        return (y);
}
```

最開始的關鍵字 int，說明了函式 find_max() 應該要回傳 int 型態的數值，變數 x 與 y 都是形式參數，它們將從實際參數取得數值。如果 x 大於 y，便會執行

```
return (x);
```

這條敘述也可以省略小括弧而寫成

```
return x;
```

其作用在於結束該函式，並把變數 x 的值回傳。特別要注意：當程式看到 return 敘述時，不論後面是否還有程式碼，函式的執行將立即停止，控制權馬上交回原來呼叫該函式的地方；所以前面的程式片段也可以改為

```
if (x > y)
    return(x);
return(y);
```

兩個 return 不可能都被執行；倘若接下來還有某些敘述，那麼根據程式的流程，這些敘述都不會有任何作用。

如果還記得條件運算子，那麼還可簡化成

```c
int find_max(int x, int y)
{
    return (x>y) ? x : y;
}
```

對於那些宣告為 void 型態的函式，也可以利用單純的 return 敘述強迫函式結束：

```c
return;
```

接著再來討論函式 get_int()，該函式的目的在於取得一個合法的整數資料，我們當然可以直接用 scanf() 加以讀取，不過，對於可能發生輸入錯誤的狀況就比較難以處理；若能將其獨立為特別的函式，就比較能夠進一步考慮到細節的情形：

```c
int get_int(void)
{
    int num;
    printf("Input a valid integer : ");
    while (scanf("%d", &num) != 1){
        while (getchar() != '\n')
            continue;
        printf("Input error! Please input again: ");
    }
    return(num);
}
```

這裡利用到 scanf() 回傳值的特性。另外就是列緩衝輸入的特別處理，有關此說明已在前面的章節中介紹過。此處有個函式 getchar() 屬於緩衝區 I/O，它可從緩衝區中取出一個字元，順帶說明的是：putchar(ch) 乃是將 ch 字元顯示於螢幕上。外層的 while 迴圈主要為了取得合法的整數輸入；內層的 while 迴圈則負責處理所有不合法的字元。

```
while (getchar() != '\n')
    continue;
```

此 while 敘述主要的作用是將緩衝區不必要的字元讀完，避免下次讀取不該讀取的字元。這是一個相當有用的迴圈敘述。

看看底下二次執行範例的輸出結果，就比較能夠體會為何要有這些動作：

```
Input a valid integer: 14
Input a valid integer: 62

MAX(14, 62) is 62.

Input a valid integer: good14
Input error! Please input again: 14
Input a valid integer : best62
Input error! Please input again: 62

MAX(14, 62) is 62.
```

即使我們隨意鍵入字元，程式也不至於當掉。這個程式並沒有什麼實際用途，不過它卻示範了一種良好的程式設計風格。譬如：我們只想取得介於 1 到 100 之間的偶數資料，那麼只要在 get_int() 函式內部做出進一步的判斷工作即可，主程式的架構仍然維持原狀。這種作法同時也能使主程式看起來較為清晰。

7.4　函式原型

我們再舉一個例子，其回傳值為非 int 型態的函式，程式如下所示：

```
1    /* Ch7 proto1.c */
2    #include <stdio.h>
3    float get_score(void);
4    char level(float, float, float);
5    int main()
6    {
7        float s1, s2, s3;
8        char grade;
```

```
 9
10      s1 = get_score();
11      s2 = get_score();
12      s3 = get_score();
13      grade = level(s1, s2, s3);
14      printf("\nYour score grade is %c.\n", grade);
15
16      return 0;
17  }
18
19  float get_score(void)
20  {
21      float temp;
22
23      printf("Input your score: ");
24      scanf("%f", &temp);
25      return(temp);
26  }
27
28  char level(float a1, float a2, float a3)
29  {
30      float avg;
31      printf("\nScore : %.2f  %.2f   %.2f\n",a1,a2,a3);
32      avg = (a1 + a2 + a3) / 3;
33      printf("    Average : %f.\n",avg);
34
35      if (avg >= 90)
36          return ('A');
37      if (avg >= 80)
38          return ('A');
39      if (avg >= 70)
40          return ('C');
41      if (avg >= 60)
42          return ('D');
43      return('E');
44  }
```

函式的原型宣告如下：

```
char level(float, float, float);
```

除了函式的回傳值外，同時也指明了參數的個數與型態；在宣告函式原型時，參數的名稱可有可無，也就是說

```
char level(float b1, float b2, float b3);
```

此種型態也被允許，不過，這種參數名稱在原型宣告上，並沒有實際的作用，故都省略之。

```
Input your score : 90.5
Input your score : 86.8
Input your score : 77.0

  Score : 90.50  86.80  77.00
  Average : 84.766668.

  Your score grade is B.
```

函式原型可讓系統在編譯時期 (compile time) 便可檢查出參數個數或型態不相吻合的情況，不必等到執行時期 (run time) 才知道。

7.5　遞迴函式

C 語言中，所有的函式都是平等的，除了 main() 是較為特殊的一個，它會是第一個執行的函式；但 main() 的權力也不過如此而已，它可以呼叫別的函式。

C 允許函式呼叫自己本身，這種過程稱為遞迴呼叫 (recursive call)。在計算機科學中，遞迴是個強有力的技巧，但相對地也十分抽象。要注意的是：如何讓遞迴程序能夠終止，因為呼叫自己的函式很有可能無窮盡遞迴下去，直到系統資源耗盡為止。

首先來看個簡單的例子：

```
1   /* Ch7 recur.c */
2   #include <stdio.h>
3   void recur(int);
4   int main()
5   {
6       printf("Recursive call...\n\n");
7       recur(4);
8       return 0;
9   }
10
11  void recur(int level)
```

```
12  {
13      printf("   BEFORE level ===> %d\n", level);
14      if (level > 0)
15          recur (level-1);
16      printf("    AFTER level ===> %d\n", level);
17  }
```

在函式 recur() 內部又呼叫 recur()，這就是遞迴呼叫；先看看輸出結果吧：

```
Recursive call...

    BEFORE level ===> 4
    BEFORE level ===> 3
    BEFORE level ===> 2
    BEFORE level ===> 1
    BEFORE level ===> 0
     AFTER level ===> 0
     AFTER level ===> 1
     AFTER level ===> 2
     AFTER level ===> 3
     AFTER level ===> 4
```

必須先記得一點：函式內部的參數與變數都是區域性的 (local)，即使具有相同的名稱，它們也不會互相混淆。

讓我們慢慢追蹤程式：首先是主程式 main() 中的函式呼叫

```
recur(4);
```

此時的實際參數 4 將指定給形式參數 level，首先印出 level 等於 4 的訊息，由於 level 大於 0，所以接著執行

```
recur(level-1);
```

亦即

```
recur(3);
```

這是另一層的函式呼叫，形式參數 level 被設為 3，但必須弄清楚，第一次 recur() 呼叫時的參數 level 仍然保有數值 4，它和目前的 level 參數乃是完全不同的兩個變數。

　　遞迴過程依序印出 4, 3, 2, 1, 0 等 level 值，直到這時候，if 測試才無法成立，於是將執行接下來的 printf() 敘述而印出

```
After LEVEL ===> 0
```

的訊息。重點發生於現在，當目前這一層的 recur() 返回時，並不會直接回到 main() 函式，而是前往上一次 recur() 呼叫的下一條敘述。當時是因呼叫

```
recur(level-1); 即 recur(0);
```

而進入目前的狀況，所以會回到接下來的 printf() 敘述。特別注意到：這時候的 level 值實際上等於 1，所以會印出

```
AFTER level ===> 1
```

遞迴函式不斷地返回，因而印出接下來的訊息，直到 level 值等於 4 的那一層函式呼叫結束後，才真正回到 main() 函式。

　　我們似乎可以歸納出：遞迴函式中凡是出現於遞迴呼叫前的敘述都會依呼叫的順序加以執行；至於後面的敘述，則將與呼叫的順序完全相反。

　　追蹤遞迴程式是個極費力的過程，您必須在設計遞迴程式前就把問題思考清楚，最重要的還是確定遞迴呼叫真正能夠終止。

　　底下我們就示範一個實際的應用，如何計算階乘值 (factorial)；階乘的定義乃為 1 到某整數間所有整數的連階乘：

```
n!=n *(n-1)*(n-2)* · · · * 2 * 1
```

若是表示成遞迴函數則為

```
n!=n * (n-1)!
0!=1
```

　　其中的 (0!=1) 雖然沒有意義，但卻絕對必要，唯有如此，遞迴過程才可能終止。對於這麼一個深具遞迴特性的問題，當然是利用遞迴程式比較清楚：

```
1    /* Ch7 fact.c */
2    #include <stdio.h>
3    unsigned int fact(int);
4    int main()
5    {
6        int i;
7
8        printf("Factorial...\n\n");
9        for (i=1; i<=17; i++)
10           printf("     %3d! = %-30u\n", i, fact(i));
11       return 0;
12   }
13
14   unsigned int fact(int num)
15   {
16       if (num == 0)
17           return(1);
18       return (num * fact (num-1));
19   }
```

遞迴終止條件就是當參數 num 等於 0 時，此刻要立即返回，並回傳數值 1；否則的話便執行以下的 return 敘述：

```
return(num*fact(num-1));
```

我們不再追蹤程式的流程，如果您有興趣，可以用個很小的數值來測試。還是來看看執行結果：

```
Factorial...

        0!  = 1
        1!  = 1
        2!  = 2
        3!  = 6
        4!  = 24
        5!  = 120
        6!  = 720
        7!  = 5040
        8!  = 40320
        9!  = 362880
       10!  = 3628800
       11!  = 39916800
       12!  = 479001600
       13!  = 1932053504
       14!  = 1278945280
       15!  = 2004310016
       16!  = 2004189184
       17!  = 4006445056
```

此處僅測試到 17 的階乘，再大一點的數值就會超出 unsigned int 型態所能容忍的範圍了。

遞迴程式比起一般的程式來說，執行速度將比較慢，而且也會佔用較多的記憶空間，這是因為系統內部必須處理堆疊的緣故。在某些時候，遞迴的確是個很好用的技巧，尤其是在資料結構或演算法的某些主題上，都會採取遞迴的觀念，C 語言正是實作它們的好工具。

7.6　變數儲存種類

儲存種類 (storage class) 能讓我們決定哪些函式認得哪些變數，以及限制程式中變數存活的時間。

C 語言提供四種變數儲存種類：自動 (auto)、靜態 (static)、外部 (extern)、以及暫存器 (register) 等等。宣告這些儲存種類的時候，只要在一般的變數宣告敘述前加上明確的關鍵字即可：

```
auto int num, value;
static char ch = 'A';
extern double ary[20];
register int cache;
```

7.6.1　auto 變數

預設的情況下，宣告於函式內部的變數都屬於自動變動，對於這類變數，我們通常省略 auto 關鍵字；然而，利用 auto 加以明確表示也是不錯的作法：

```
int main()
{
    auto int i, j, k;
    ...
}
```

　　自動變數可避免其他函式對它造成不當的影響,所有的自動變數都私屬於定義它的函式,也只有定義該變數的函式才能存取這類變數。換句話說,不同函式中若是使用了同名的自動變數,它們之間並不會有任何關聯,也就是說,它們都是區域變數 (local variable)。

　　當函式被呼叫的期間,自動變數才會存在。一旦函式完成工作而返回後,自動變數就會立刻消失,並釋放原來佔用的空間以作為其他用途。

7.6.2　static 變數

　　靜態變數若只私屬於單一的函式,則稱為靜態區域變數或稱內部靜態變數。當函式返回時,靜態區域變數並不會消失,它仍然存在;若是再一次呼叫該函式,則不必為靜態區域變數做初值化的動作。

　　看看一個簡單的例子:

```
1    /* Ch7 static.c */
2    #include <stdio.h>
3    void test(void);
4    int main()
5    {
6        int i;
7
8        printf("static variable testing ...\n\n");
9        for (i=0; i<5; i++) {
10           printf("    Iteration %d : ", i+1);
11           test();
12       }
13       return 0;
14   }
15
16   void test(void)
17   {
18       int auto_var = 1;
19       static static_var = 1;
20
21       printf(" auto_var = %d   static_var = %d\n",
22                    auto_var++, static_var++);
23   }
```

函式 test() 中共有兩個 int 變數，一個是預設的 auto 變數：

```
int auto_var = 1;
```

另一個則宣告為靜態區域變數：

```
static int static_var = 1;
```

二者都以初始化的方式設定其值為 1。在函式 test() 內部，分別把 auto_var 和 static_var 的值印出來，再把它們加 1；至於在主程式 main() 中，則重複呼叫函式 test()。

我們來看看執行結果

```
static variable testing ...

    Iteration 1 :    auto_var = 1    static_var = 1

    Iteration 2 :    auto_var = 1    static_var = 2

    Iteration 3 :    auto_var = 1    static_var = 3

    Iteration 4 :    auto_var = 1    static_var = 4

    Iteration 5 :    auto_var = 1    static_var = 5
```

首先看到變數 auto_var，每當進入函式 test() 時該變數才會存在，而且每次都重新設定初始值為 1；雖然我們在 test() 中都會把 auto_var 加 1，但是該函式結束後，所有自動變數都將消失不見。

至於靜態區域變數 static_var 則不會這樣，程式總是能夠記住該變數的值，即使函式結束，靜態區域變數也不會消失。特別要注意一點：靜態區域變數僅被初始化一次。也就是說，只有在第一次呼叫 test() 時，才會感覺初始化的存在。另一方面，如果沒有明確給予靜態區域變數初值，那麼它的預設值將會是 0；這方面與自動變數也有所不同。假使自動變數沒有採用任何初始化技巧時，該變數的內容將是一垃圾值 (garbage value)。

7.6.3　extern 變數

　　宣告於任何函式之外的變數即為外部變數,或稱為全域變數 (global variable);外部變數並不屬於任何函式,而且位於變數宣告之後的所有函式都能引用它。為了明確指出函式使用的變數是外部變數,可以在函式內部以 extern 關鍵字加以表明。

　　底下來看個例子:

```
1    /* Ch7 extern.c */
2    #include <stdio.h>
3    #define SIZE 5
4    void auto_fun(void);
5    void extern_fun(void);
6    void void_fun(void);
7    void default_fun(void);
8    int ary[SIZE] = {1,2,3,4,5};
9
10   int main()
11   {
12      printf("extern variable testing ...\n\n");
13      auto_fun();
14      extern_fun();
15      void_fun();
16      default_fun();
17      return 0;
18   }
19
20   void auto_fun(void)
21   {
22      auto int ary[SIZE];
23      int i;
24
25      printf("  In auto_fun() :\n\n");
26      for (i=0; i<SIZE; i++)
27         printf("  ary[%d] : %d\n", i, ary[i]);
28      printf("\n\n");
29   }
30
31   void extern_fun(void)
32   {
33      extern int ary[SIZE];
34      int i;
35
```

```
36      printf("  In extern_fun() :\n\n");
37      for (i=0; i<SIZE; i++)
38          printf("  ary[%d] : %d\n", i, ary[i]);
39      printf("\n\n");
40  }
41
42  void void_fun(void)
43  {
44      int i;
45
46      printf("  In void_fun() :\n\n");
47      for (i=0; i<SIZE; i++)
48          printf("  ary[%d] : %d\n", i, ary[i]);
49      printf("\n\n");
50  }
51
52  void default_fun(void)
53  {
54      int ary[SIZE];
55      int i;
56
57      printf("  In default_fun() :\n\n");
58      for (i=0; i<SIZE; i++)
59          printf("  ary[%d] : %d\n", i, ary[i]);
60      printf("\n\n");
61  }
```

程式在 main() 之前宣告了一個外部陣列 ary[]，並以初始值設定之：

```
int ary[SIZE] = {1, 2, 3, 4, 5};
int main()
{
    ...
}
```

如果沒有給予外部變數任何初始值，那麼系統將自動把變數內容全部清除為 0。程式中共有四個函式，為了測試外部變數的影響，我們分別用 auto、extern、以及預設條件等情況來做一比較。

首先來看看執行的結果：

```
extern variable testing ...

  In auto_fun() :

  ary[0] : -10
  ary[1] : 180
  ary[2] : 388
  ary[3] : 6593
  ary[4] : -10

  In extern_fun() :

  ary[0] : 1
  ary[1] : 2
  ary[2] : 3
  ary[3] : 4
  ary[4] : 5

  In void_fun() :

  ary[0] : 1
  ary[1] : 2
  ary[2] : 3
  ary[3] : 4
  ary[4] : 5

  In default_fun() :

  ary[0] : 7111
  ary[1] : 1792
  ary[2] : -10
  ary[3] : 3866
  ary[4] : 26496
```

第一個函式 auto_fun() 內部也有一個同名的陣列，但前面特別加上 auto 關鍵字，藉以強調這些變數乃私屬於 auto_fun() 所有，它與外部陣列 ary[] 完全沒有關係，正因為如此，再加上我們沒有設定初始值給它，所以根據 auto 變數的特性，印出來的陣列內容完全是一堆垃圾值。

接下來的兩個函式則能參考到外部陣列。函式 extern_fun() 內部明確地以 extern 關鍵字指出陣列 ary 的實際所在：

```
void extern_fun(void)
{
    extern int ary[SIZE];
    ...
}
```

其中：extern int ary[SIZE]；敘述可以省略。因為 ary 陣列為外部陣列，所以可以分享給 extern_fun(void) 的函式。但當某一檔案使用到另一檔案的外部變數時，則 extern 的宣告是必要的。

如果函式中沒有宣告任何 ary[] 陣列，例如：函式 void_fun() 的作法，因為外部變數可以被使用於 void_fun() 函式的內部！對於具有整體性的資料而言，外部變數似乎是個方便的選擇，不過您必須考慮隨時都有可能發生的副作用，常常在某個函式內部不小心就會更動重要的資料，在這個方面，auto 變數就比較不會有問題。

如果函式中宣告了 ary[]，但卻沒有指明其為 auto 或是 extern，那麼系統將假設其為 auto 變數；如同函式 default_fun() 的行為，印出來的資料仍然是垃圾值。

外部變數僅能初始化一次，而且必須是在定義的時候。首先要澄清一點：以往我們都以「宣告」(declaration) 泛指所有變數的描述，包括變數型態與名稱；其實較精確地說起來，應該區分為「定義性宣告」(definitive declaration) 以及「參考性宣告」(referencing declaration)。

唯有定義性宣告才能為變數配置空間，譬如本例中，外部陣列 ary[] 就是變數宣告的例子；至於函式內部的 extern 關鍵字則是參考性宣告，它指出程式某個地方必須出現真正的變數定義。

在函式內部，不能再為 extern 變數設定初始值，譬如：底下的敘述就是非法的：

```
void extern_fun(void)
{
    extern int ary[] = {10, 20, 30, 40, 50};
    /＊錯誤＊/
    ...
}
```

希望您不要被上述的文字內容所混淆，我們只要在觀念上知道各種變數的行為就行了，至於字面上的意義並非那麼重要，或者還是泛稱「宣告」會來得清楚一些。

有關陣列詳論，請參閱第 8 章陣列。

7.6.4　register 變數

正常情況下，變數將儲存於記憶體中；但是幸運的話，暫存器變數「可能」會以 CPU 暫存器 (register) 作為暫時的儲存空間，這類記憶裝置遠比在 DRAM 記憶體的速度要快得多。

我們前面強調「可能」這個字，因為系統不一定會答應程式的要求，編譯程式必須根據當時暫存器的使用情形做一衡量，如果無法滿足程式的要求，那麼 register 變數就會和 auto 變數完全相同。

由於暫存器大小的限制，register 變數一般僅適用於整數型態的資料，譬如

```
int main()
{
    register int i;
    ...
}
```

或是

```
void func(register int par)
{
        :
}
```

　　雖然系統不保證 register 一定能夠發揮效用，但是寫上 register 絕對是有好處的，最差的情況也不過和 auto 變數相同。

7.7　視域和生命期

　　C 語言的儲存種類能夠決定變數的有效範圍與持續時間，這就是所謂的視域 (scope) 與生命期 (lifetime)。

　　例如：auto 變數的視域僅止於函式內部；而生命期則存活於函式被叫用的時間。至於外部變數則有廣闊的視域，它可遍及檔案中出現於該變數之後的所有函式，而其生命期也持續於檔案被執行期間。

　　我們把各種儲存種類與其值域和生命期的關係綜合於表 7-1 中：

表 7-1　儲存種類與生命週期和視域關係

儲存種類	關鍵字	生命週期	視域
自動	auto	暫時	區域
暫存器	register	暫時	區域
內部靜態	static	永久	區域
外部	extern	永久	整體 (所有檔案)
外部靜態	static	永久	整體 (單一檔案)

　　從表格中看來，除了一般的外部變數外，還有所謂的外部靜態變數，我們只要在任何函式之外的變數宣告前，加上 static 就可成爲外部靜態變數：

```
static int num = 100
int main()
{
    ...
}
```

　　外部靜態變數與一般外部變數的差別在於：一般外部變數可供多個檔案中的函式引用；至於外部靜態變數的視域，則僅止於單一檔案內的函式。

在一般情形下，自動變數往往是最佳的選擇，它既保有絕對的私密性，而且也不會永久佔用系統的空間；至於外部變數雖然好用，但常會造成程式維護上的困難，以及許多不當的副作用。靜態區域變數則是較特殊的一種，它既有 auto 變數的安全，同時也擁有類似外部變數的的存活期；register 變數則並非那麼容易掌握。

7.8　前端處理程式

前端處理程式 (preprocessor) 並非 C 語言的一部分，因此我們統稱這類的命令為「指令」(directive)。前置處理程式會在編譯動作開始之前，根據各種指令的要求，以實際的 C 語言命令取代程式中的縮寫符號或者是引入其他的檔案，也可以更改編譯的條件。本節將要討論兩個重要的指令：#define 以及 #include，讀者對它們應該不會感到陌生。

7.8.1　#define 指令

所有的前置處理程式指令都是由「#」記號開始，而且同一列上僅允許出現一條指令；指令的效力成立於定義開始之初，直到檔案結束為止，它可以出現在檔案中的任何地方。

我們以前常常利用 #define 來定義常數：

```
#define PI 3.14
```

往後程式中遇到 PI 的地方，都會用 3.14 加以取代，這個動作會在編譯程式啟動前完成，所以 #define 命令不過是種字串取代的工作，它本身不會執行任何運算或判斷。

除了定義常數之外，#define 指令還有更重要的用途，那就是定義巨集 (marco) 指令。

每個 #define 指令可分為三大部分：

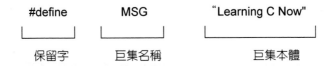

第一部分就是 #define 命令本身；接下來則是一個巨集名稱，這類名稱謂之為別名 (alias)，巨集名稱中不可以出現任何空白，名稱規則與 C 語言變數名稱具有同樣的標準；第三部分則為巨集本體 (body)，當程式中發現巨集名稱時，立刻會以巨集本體加以取代，這又稱為巨集展開 (expansion)。巨集命令中仍然可以使用 C 語言的註解，前置處理程式將忽略它們；此外，如因巨集定義太長，也可以用反斜線 (\) 把定義延伸到下一列。巨集指令並不需要以分號結束。

底下就來看一個巨集展開的例子：

```
1    /* Ch7 macro.c */
2    #include <stdio.h>
3    #define MSG "macro message !\n"
4    #define PI 3.14
5    #define RADIUS 10
6    #define AREA PI*RADIUS*RADIUS
7
8    int main()
9    {
10       printf("MACRO MSG : %s", MSG);
11       printf("Area of circle with radius 10 is %.2f\n", AREA);
12       return 0;
13   }
```

首先看到 printf() 敘述：

```
printf("MACRO MSG : %s", MSG);
```

您認為輸出會是如何呢？

```
MACRO MSG : macro message!

Area of circle with radius 10 is 314.00
```

我們可以看到，位於雙引號內的字串常數 "MACRO　MSG：%s" 並不會受巨集指令的影響；但是接下來的參數MSG則會被展開而成 "marco message！\n"。

另外一個巨集名稱是 AREA，首先根據巨集的定義先展開成

```
PI * RADIUS * RADIUS
```

到目前為止，巨集展開的過程並未結束，由於上述命令中仍然還有待展開的巨集，所以前置處理程式將繼續運作，進一步再變化為

```
3.14*10*10
```

於是 printf() 敘述在編譯之前會先變成

```
printf("···", 3.14*10*10);
```

特別注意到：前置處理程式並不會去計算實際的數值，只不過忠實地完成一些字串取代的工作而已；真正的運算式簡化則要留待編譯過程間才加以解決。

巨集指令不僅可以處理簡單的代換工作，它也能藉由參數的使用，而建立出類似函式的巨集，我們一般稱之為「巨集函式」(macro function)。

```
1   /* Ch7 mac_fun.c */
2   #include <stdio.h>
3   #define SQUARE(n) n*n
4
5   int main()
6   {
7       int num1, num2;
8       num1 = SQUARE(3);
9       printf(" num1 = %d \n\n",num1);
10
11      num2 = SQUARE(10);
12      printf(" num2 = %d \n",num2);
13      return 0;
14  }
```

程式中有個巨集定義：

```
#define SQUARE(x) x*x
```

樣子很像函式，參數同樣是寫在小括弧裡面。當我們寫出下列式子時，

```
SQUARE(3)
```

實際就會被

```
3*3
```

所取代，所以巨集也可以當作函式來使用。我們來看看輸出結果：

```
num1 = 9
num2 = 100
```

巨集非常好用，它可以忽略參數的實際型態，譬如說

```
#define MAX(x, y) ((x)>(y) ? (x):(y))
```

就可以求出 x 與 y 最大值，而且任何型態的資料都能透過同名的巨集來展開；這不像一般的函式，對於不同型態的資料，可能會需要不同的函式版本。

巨集雖然好用，但仍有許多必須特別小心的地方。拿前面的 SQUARE(x) 巨集來說：

```
y = 3;
num = SQUARE(y+2);
```

變數 num 會有什麼結果，乍看之下應該是 25 吧 ((3+2) 的平方值)，但實際上卻會根據下列流程

```
num = SQUARE(y+2);
```

展開為

```
num = y+2*y+2
```

依照優先序的求值規則

```
num = y+(2*y)+2
    = y+6+2
    = 11
```

　　這種結果完全導因於前置處理程式所能處理的不過是字串而已，它對於數值形式的字串僅僅加以替換罷了；為了避免這種情形，我們最好盡量以小括弧把可能導致混淆的地方標示清楚，譬如將 SQUARE(x) ((x)*(x))

　　雖然這麼做可以避免許多不正常的情形，但是類似底下的命令

```
SQUARE(++x)
```

仍然可能造成混淆

```
((++x)*(++x))
```

　　避免這些問題最好的辦法，就是不要在巨集本體內使用任何的遞增或遞減運算。

　　巨集與函式十分相似，使用時該如何取捨呢？一般來說，巨集的使用可加快執行的速度，因為它不是真正的函式，所以不需要處理控制權移轉的額外動作；但另一方面，由於巨集展開將使原始程式碼加長，所以檔案空間的考量也是取捨的標準。

7.8.2　#include 指令

　　#include 指令後面一般都會跟著一個檔案名稱，當前置處理程式發現 #include 指令時，它便會把後面指定的檔案內容引進目前的檔案中，這個動作就好像是在 #include 出現的地方鍵入引入檔內容一般。#include 指令共有兩種用法：

```
#include <stdio.h>   /* 角括號 */
#include "header.h"  /* 雙引號 */
```

　　通常引入檔的檔名多會以 .h 結尾，但這並非絕對的要求，任何文字檔都可以用這種方法加以引進，.h 的附加檔名僅在於提醒程式設計師的注意。

　　當我們使用角括號的格式時，將告知前置處理程式直接到標準系統目錄下 (大多是存在 INCLUDE 的子目錄下) 尋找該檔案；這些引入檔大多為系統提供的標頭檔：

```
#include <stdio.h>
#include <stdlib.h>
#include <string.h>
```

至於雙引號的表示法，則會讓前置處理程式先到目前工作目錄下尋找 (或是檔名中已指定明確的路徑)，然後才到標準 INCLUDE 目錄下尋找：

```
#include "header.h"
#include "c:\\tc\\inc\\my_head.h"
```

這種表示法多用於自行定義的標頭檔。在系統提供的標頭檔案中，大致保存有下列訊息：

符號常數：例如在 stdio.h 中便定義了 EOF、NULL 以及 BUFSIZE 等常數。

巨集函式：例如 getchar() 通常定義為 getc(stdin):

```
#define getchar() getc(stdin)
```

函式宣告：各個標頭檔中都要有相對庫存函式的函式原型宣告。

結構樣板定義：例如 stdio.h 中就存有關於 FILE 結構的樣板定義。

型態定義：例如 size_t 就是這麼一個例子。

7.9　摘要

本章討論了許多與函式有關的重要課題，包括函式的使用時機以及利用函式所能得到的利益；我們也說明該如何自行設計函式，這一方面牽涉到宣告、定義、呼叫、參數與回傳值等等相關問題。我們極力建議 ANSI C 函式原型的使用，如此可讓程式更為清晰且不易出錯。最後則大略介紹了遞迴函式的觀念和技巧，很多著名的遞迴程式都相當有趣。

7.10　上機練習

1.

```
1   //p7-1.c
2   #include <stdio.h>
3   void print_star(int);
4
5   int main( )
6   {
7       int i;
8       printf("How many stars do you want? ");
9       scanf("%d", &i);
10      print_star(i);
11      printf("Bright is at Stanford university\n");
12      print_star(i);
13
14      return 0;
15  }
16
17  void print_star(int k)
18  {
19      int i;
20      for(i = 1; i <= k; i++)
21          printf("*");
22      printf("\n");
23  }
```

2.

```
1   //p7-2.c
2   #include <stdio.h>
3   int funct(int, int);
4
5   int main()
6   {
7       int a = 88, b = 80;
8       funct(a, b);
9       printf("a = %d b = %d\n", a, b);
10
11      return 0;
12  }
13
14  int funct(int a, int b)
15  {
16      int c;
```

```
17      c = a + b;
18      printf("a + b = %d\n", c);
19      return c;
20  }
```

3.

```
1   //p7-3.c
2   #include <stdlib.h>
3   long fibonacci(long) ;
4
5   int main()
6   {
7       long n, ans;
8       printf("Enter a number(n >= 0): ");
9       scanf("%ld", &n) ;
10      if (n < 0)
11          printf("Number must be > 0\n") ;
12      else {
13          ans = fibonacci(n);
14          printf("fibonacci(%ld) = %ld\n", n, ans) ;
15      }
16
17      return 0;
18  }
19
20  long fibonacci(long n)
21  {
22      if (n == 0)
23          return 0;
24      else if (n == 1)
25          return 1;
26      else
27          return(fibonacci(n - 1) + fibonacci(n - 2));
28  }
```

4.

```c
1   //p7-4.c
2   #include <stdio.h>
3   void stat_ai();
4
5   int main()
6   {
7       int i;
8       for(i = 1; i <= 5; i++)
9           stat_ai();
10
11      return 0;
12  }
13
14  void stat_ai()
15  {
16      int ai = 1;
17      static int si = 1;
18      printf("ai = %d\n", ai++);
19      printf("si = %d\n\n", si++);
20  }
```

7.11　除錯題

1.

```
1   //d7-1.c
2   #include <stdio.h>
3   void walking()
4
5   int main()
6   {
7       walking();
8
9       return 0;
10  }
11
12  void walking
13      printf(" 小明正在走路 ...\n");
```

2.

```
1   //d7-2.c
2   #include <stdio.h>
3   void sum(double, double);
4
5   int main()
6   {
7       int a=5, b=6, total;
8       total = sum(a, b);
9       printf("%d + %d = %d\n", a, b, total);
10
11      return 0;
12  }
13
14  int sum(int a, int b);
15  {
16      return a + b;
17  }
```

3.

```
1   //d7-3.c
2   #include <stdio.h>
3
4   int main()
5   {
6       int num = 5;
7       printf("%d 的平方為 %d\n", num, square(num));
8
9       return 0;
10  }
11
12  void square(int num)
13  {
14      return num * num
15  }
```

4.

```
1   //d7-4.c
2   #include <stdio.h>
3   #include <stdlib.h>
4   int number = 0;
5   void count();
6
7   int main()
8   {
9       while (number++ < 10) {
10          count();
11          printf(" 這是第 %d 次呼叫 count() 函數 \n", number);
12      }
13
14      return 0;
15  }
16
17  void count()
18  {
19      number++;
20  }
```

5.

```
1   //d7-5.c
2   #include <stdio.h>
3   int count = 0;
4   void run();
5
6   int main()
7   {
8       run();
9
10      return 0;
11  }
12
13  void run()
14  {
15      /* 想辦法讓小明停下來並剛好跑完 10 圈 */
16      printf(" 小明正在跑操場 ...\n");
17      printf(" 小明跑完了第 %d 圈 \n\n", ++count);
18      if (count <= 10)
19          run();
20  }
```

7.12　程式實作

1.　輸入一整數，判斷它是否爲質數，若不爲質數，則列印出其因數，請利用函數處理之。

2.　輸入一些數字，並撰寫下列函數執行之。
　　a.檢查每一個數字是否爲 7 或 11 或 13 的倍數，以 multiple() 函數執行之。
　　b.求每一個數的平方根，以 square() 函數執行之。

3.　撰寫一程式，輸入 x 和 n，然後以遞迴的方式計算 x^n(x^n = x*x*x*...*x，共有 n 個 x 相乘)。

4.　河內塔 (Hanoi tower)，其遊戲規則如下：
　　甲、 每次只能移動一個盤子。
　　乙、 大盤子不可以在小盤子的上面。

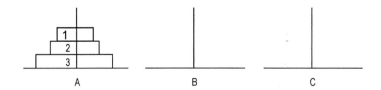

　　將 A 柱的盤子，藉助 B 柱，搬到 C 柱。

5.　輸入 x, y，求 F 函式的值。

```
F(x, y) = x-y; if x < 0 或 y < 0
F(x, y) = F(x-1, y)+F(x, y-1); others
```

6.　將 p7-12 的程式重新執行一次，並輸入 18good 和 68best，看看是否會得到 find_max(18, 68) is 68。若無法得到此答案，請撰寫一正確的程式執行之。

7.　試舉一範例說明 extern 的用法。

08

陣　列

　　大量資料的處理也是電腦必須具備的另一項能力，而程式語言也該有種方式足以表達大量的資料；陣列 (array) 正是最基本也最重要的資料結構。本章將探討 C 語言陣列的使用方法，包括宣告、初始化以及符號表示等等基本知識；同時也會介紹幾個實際的應用範例。

8.1 陣列宣告與表示法

試著想想底下的問題：假設全班共有 50 個學生，而我們想要記錄每個學生的成績，這需要 50 個不同的變數：

```
int stud1, stud2, ..., stud50;
```

單就宣告就會花上很大的功夫，如果還要對這些資料進行處理，程式必定非常複雜，而且這種作法非常不具彈性；如果學生人數增加到 60 人，是否意味著要再宣告另外 10 個變數，然後把程式大肆修改一番？

在 C 語言裡，上述問題正可由本章的主題－陣列 (array) －加以克服，多數語言中都提供有類似的資料型式，譬如 FORTRAN 裡的 DIM，或是 Pascal 的 array 等。

C 語言的陣列比較具有一般性，它並非基本的資料型態，而是一種衍生的資料結構。陣列的宣告方式基本上是這樣的：

```
type name[size];
```

陣列必須由一序列相同資料型態的元素組成，我們可以藉由宣告而向系統要求一個陣列結構；當我們做出宣告時，必須提供有關陣列的資訊：包括陣列中包含多少個元素，以及每個元素的型態。

在前面的陣列一般式中，type 即為每個元素的基本型態，譬如 int、char、long，... 等等；name 則是該陣列的名稱，陣列名稱的選取方式正如一般的簡單變數，最好能充分表達該陣列的實際用途；接下來是一對中括號，中括號的目的即在於指出 name 是個陣列結構，小括弧和大括號都沒有這種功能；中括號裡面的 size 則表示該陣列中擁有多少個元素。

拿最先提出的例子而言，若想保存 60 個學生的成績，便可以這麼宣告：

```
int student[60];
```

當然了，若成績為浮點數資料，則要寫成：

```
double student[60];
```

編譯系統有了足夠的資訊後，便會為該陣列配置適當的空間。必須注意的是：單一陣列必定位於連續的記憶體，譬如底下的例子：

```
char alpha[26];
int week[7];
double man[3];
```

上述三個陣列的目的大概是保存 26 個英文字母、關於某星期的 7 天，以及三個男人的體重等等相關資料，在記憶體內的情形可能是這樣的，如圖 8-1 所示：

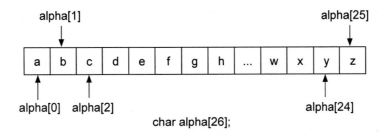

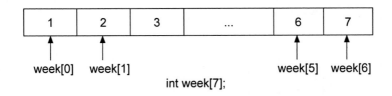

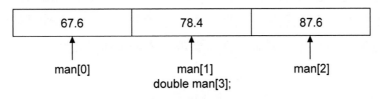

圖 8-1　陣列表示法示意圖

　　這三個陣列並不一定會連接在一起，但每個單一陣列必是位於連續的記憶體空間。從上圖中，我們還可以看到另一項重要的資訊，那就是陣列中單一元素的表示法：

```
alpha[0], alpha[1], ..., alpha[25]
week[0], week[1], ..., week[6]
man[0], man[1], man[2]
```

　　為了存取陣列中的個別元素，我們可藉由註標值 (index) 來指明；您一定要記得一點：所有陣列的註標值都是由 0 開始，就一般形式而言：

```
type name[size];
```

　　name[0] 乃是該陣列的第一個元素，name[1] 為第二個，...，由於 size 代表的是陣列的元素個數，所以該陣列最後一個元素就應該為 name[size-1]。至於 name[size] 則可能已經指向其他的資料，由於 C 語言不會自行檢查陣列的註標是否已超出應用的界限，所以您應該特別小心，不要寫出類似 name[size] 或 name[-1] 等等沒有意義的表示法。

　　陣列的註標值可以是常數、變數或複雜的運算式，但一定要為整數型態；這種特性使我們很容易利用一些程式技巧 (譬如迴圈)，來完美地處理陣列。例如：計算 50 個學生的成績總和：

```
int student[50];
int i, total = 0;
for (i=0; i<50; i++)
    total += student[i];
```

　　當然了，這個程式片段並不完全。譬如：每個學生的成績必須先行存在，這方面可利用另一個迴圈加以處理。有了註標表示法，每個陣列的元素就如同一般的變數，可以用來運算、當作參數，或是重新設定新值。

　　還是看個實際的例子來驗證一番：

```
1    /* ch8 array.c */
2    #include <stdio.h>
3    int main()
4    {
5        int even[20];
6        int odd[20];
7        int sum[20];
8        int i;
9
10       for (i=0; i<20; i++) {
11           even[i] = 2 * i;
12           odd[i] = 2 * i + 1;
13       }
14
15       printf("\nArray even[0..19]");
16       for (i=0; i<20; i++) {
17           if ((i % 5) == 0)
18               printf("\n   ");
19           printf("%5d", even[i]);
20       }
21
22       printf("\n\nArray odd[0..19]");
23       for (i=0; i<20; i++) {
24           if ((i % 5) == 0)
25               printf("\n   ");
26           printf("%5d", odd[i]);
27       }
28
29       /* vector addition */
30
31       for (i=0; i<20; i++)
32           sum[i] = even[i] + odd[i];
33
34       printf ("\n\nArray sum[0..19]");
35       for (i=0; i<20; i++) {
36           if ((i % 5) == 0)
37               printf("\n   ");
38           printf("%5d", sum[i]);
39       }
40       return 0;
41   }
```

陣列中宣告了三個陣列：

```
int even[20], odd[20], sum[20];
```

它們分別儲存偶數、奇數，以及前兩個陣列的向量和。程式開始之前，陣列中的資料都是垃圾值，所以我們必須採取某些策略給予它們適當的值：

```
for (i=0; i<20; i++)
{
    even[i] = 2 * i;
    odd[i] = 2 * i + 1;
}
```

特別要小心註標值的範圍。此處的註標變數為 i，它必須從 0 開始，因為陣列中第一個元素的註標值為 0；最後的註標值是 19(因為陣列內擁有 20 個元素)，所以 for 迴圈的測試條件必須寫成

```
i < 20;  或
i <= 19;
```

而不能是

```
i <= 20;
```

程式 array.c 接下來用兩個 for 迴圈分別把陣列 even[] 與 odd[] 的內容印出來，注意到這裡用了一點小技巧：

```
if ((i % 5) == 0)
    ...
```

還記得餘數運算子 (%) 吧！它的作用就是使陣列在印出時，能夠每印完五個元素便換到下一列，這樣便能比較美觀的輸出。先來看看執行結果：

```
Array even[0..19]
    0     2     4     6     8
   10    12    14    16    18
   20    22    24    26    28
   30    32    34    36    38

Array odd[0..19]
    1     3     5     7     9
   11    13    15    17    19
   21    23    25    27    29
   31    33    35    37    39
```

```
Array sum[0..19]
      1     5     9    13    17
     21    25    29    33    37
     41    45    49    53    57
     61    65    69    73    77
```

最後的陣列 sum[] 則是經由下列 for 迴圈而形成：

```
for (i = 0; i < 20; i++)
    sum[i] = even[i] + odd[i];
```

有了陣列的結構，大量資料的處理將變得十分容易，在此先做個小小的摘要：陣列結構主要是由中括號的出現所指明，我們必須提供陣列的名稱、陣列中元素的個數，以及元素的型態等等基本資訊。陣列第一個元素的註標值是 0，所以第 n 個元素的註標值便為 (n-1)，C 語言並不會檢查陣列註標的範圍，而且在宣告時，也不會自行將陣列內容清除為 0，關於這一點，我們將於下一節中討論陣列初始化的方式。

8.2　陣列的初始化方式

正如普通的變數，陣列在宣告期間也可順便將其初始化，一般形式為

```
type name[size] = {item1, item2, ..., itemsize};
```

　　size 項

我們清楚地看到，使用由逗號分隔的資料串列，再利用一對大括號圍起來，便可將陣列初始化；其中每一個資料項都必須為 type 型態，而且資料項的個數最好與陣列所宣告的大小彼此吻合。在上面的形式下，size 個資料項分別與陣列的元素一一對應：

```
name[0] = item1;
name[1] = item2;
        .
        .
name[size-1] = itemsize;
```

馬上來看個簡單的例子：

```
1    /* ch8 init1.c */
2    #include <stdio.h>
3    #define SIZE 10
4
5    int main()
6    {
7        int init1[SIZE] = {10, 20, 30, 40, 50,
8                           60, 70, 80, 90, 100};
9        int i;
10
11       printf("Array init1 :\n\n");
12       for (i=0; i<SIZE; i++)
13           printf(" init1[%d] ===> %d\n", i, init1[i]);
14
15       return 0;
16   }
```

　　程式中以 #define 指令定義一個常數 SIZE，這個常數用來做陣列的大小，同時也使用於 for 迴圈內；此種風格將有助於程式的維護，若是將來想把陣列變大或縮小，那麼只要更改 SIZE 的定義值就行了，不必再擔心陣列宣告或處理時有關註標值的細節問題。

　　還是回來研究本節的重點，陣列 init1[] 總共擁有 10 個 int 元素，所以大括號內部剛好出現 10 個數值，利用這種方式，便可將陣列的元素一一初始化，底下就印出結果來證明：

```
Array init1 :

 init1[0] ===> 10
 init1[1] ===> 20
 init1[2] ===> 30
 init1[3] ===> 40
 init1[4] ===> 50
 init1[5] ===> 60
 init1[6] ===> 70
 init1[7] ===> 80
 init1[8] ===> 90
 init1[9] ===> 100
```

　　果然能夠處理得很好。但是立刻可以想到另外一問題：如果數值串列的個數與陣列的大小互相不吻合時，又會發生什麼事情呢？試試下面的範例：

```
1    /* ch8 init2.c */
2    #include <stdio.h>
3    #define SIZE 10
4
5    int main()
6    {
7        int init2[SIZE] = {10, 20, 30, 40, 50, 60, 70};
8        int i;
9
10       printf("Array init2 :\n\n");
11       for (i=0; i<SIZE; i++)
12           printf(" init2[%d] ===> %d\n", i, init2[i]);
13       return 0;
14   }
```

　　這一次大括號內僅有 7 項資料，編譯過程十分順利，還是看看結果：

```
Array init2 :

 init2[0] ===> 10
 init2[1] ===> 20
 init2[2] ===> 30
 init2[3] ===> 40
 init2[4] ===> 50
 init2[5] ===> 60
 init2[6] ===> 70
 init2[7] ===> 0
 init2[8] ===> 0
 init2[9] ===> 0
```

　　前面 7 個元素都對應到適當的資料，至於後面三個元素卻都變成 0。原來當我們初始化陣列元素時，出現的數值串列將從陣列前面的元素一一對應，直到數值串列耗盡為止；剩下的元素則一律清除為 0。有一點必須澄清：如果沒有採取任何初始化的技巧，陣列的元素並不會擁有任何特定值，確實的數值則視當時殘留於記憶體的內容而定。

　　數值串列個數太少並不會引起太大的問題；但是置太多的資料項則是個錯誤，在編譯過程間便會偵測出來；幸好 C 語言還提供一種技巧，可以讓系統自行計算元素的實際個數。

```
1    /* ch8 init3.c */
2    #include <stdio.h>
3    int main()
4    {
5        int init3[] = {10, 20, 30, 40, 50,
6                        60, 70, 80, 90, 100};
7        int i;
8
9        printf("Array init3 :\n\n");
10       for (i=0; i < (sizeof init3 / sizeof (int)); i++)
11           printf(" init3[%d] ===> %d\n", i, init3[i]);
12
13       return 0;
14   }
```

　　程式中的陣列 init3[] 並沒有指定大小：

```
int init3[] = {10, 20, 30, 40, 50, 60, 70, 80, 90, 100};
```

　　中括號裡面什麼也沒寫，但絕對不可因此而省略中括號。系統根據後面的資料項個數而為該陣列配置適當的空間；本例中共有 10 個 int 數值，所以整個 init3[] 共佔有 40 個位元組 (10x4) 的記憶體數量。

　　由於陣列的大小無法事先知道，所以在程式中就沒辦法使用特定的常數來限制陣列的註標範圍，因此，我們在 for 迴圈內採取另一項技巧：

```
for ( i=0; i < (sizeof init3 / sizeof(int)); i++)
       ...
```

　　整個陣列所佔的空間可用 sizeof 運算子加以取得：

```
sizeof init3
```

　　本例中該運算式將回傳 40(單位為位元組)，把這個數除以 int 型態所佔空間後，便可以得到陣列的元素個數：

```
i < (sizeof init3 / sizeof(int));
```

程式是否可以順利運作，讓我們來看看結果便能知道：

```
Array init3 :

init3[0] ===> 10
init3[1] ===> 20
init3[2] ===> 30
init3[3] ===> 40
init3[4] ===> 50
init3[5] ===> 60
init3[6] ===> 70
init3[7] ===> 80
init3[8] ===> 90
init3[9] ===> 100
```

最後要提出的是：除了採行陣列初始化的技巧外，陣列的元素內容都必須個別加以設定，而不能在程式敘述中寫出，如下一個敘述。

```
array[3] = {1, 2, 3};            /* 不合法 */
```

假使有一片段程式如下：

```
int array1[3] = {1, 2, 3};      /* 合法 */
int array2[3];
array2 = array1;                /* 不合法 */
array2[2] = array1[2];          /* 合法 */
```

試著想把 array1[] 的元素都拷貝給陣列 array2[] 是不合法的；其中最後一條敘述雖然是合法的，但它的實際作用僅是將 array1[] 的最後一個元素 (array1[2]) 指定給 array2[] 的最後一個元素，至於陣列 array2[] 的前面兩個元素仍然未經定義。

8.3　二維陣列與多維陣列

　　日常生活中常常面臨許多表格式的結構。譬如：一年中每日的降雨量，我們當然可以用一個擁有 365 個元素的陣列來表達；但是，若能以月份作為單位，而每個月均為包含 31 個元素的陣列，那麼處理起來似乎更為方便。這類結構需要以 C 語言的二維陣列來表示：

```
double rain[12][31];
```

　　宣告時共出現兩組中括號，前者 [] 內的數值代表的是 12 個月份，後面 [] 的 31 則為每月的日數，當然，許多日期是不必要的。二維陣列的宣告形式為：

```
type name[row][column];
```

　　共有兩個註標，我們可以把二維陣列視為一維陣列的陣列；就前面的宣告而言，可以把 name[][] 看作一個擁有 row 個元素的陣列，而每個元素都是包含 column 個 type 資料的陣列。若把二維陣列想像成數學中的矩陣 (matrix)，那就容易多了；其中第一個註標可視為列 (row) 座標，第二個註標則為行 (column) 座標。

　　二維陣列在觀念上雖然是一種矩陣形式，但儲存於記憶體內部時，仍然會以線性方式加以存放，就底下的宣告而言：

```
int two[2][4];
```

　　在記憶體內部如圖 8-2 所示：

two[0]				two[1]			
two[0][0]	two[0][1]	two[0][2]	two[0][3]	two[1][0]	two[1][1]	two[1][2]	two[1][3]

int two[2][4];

圖 8-2　二維陣列以線性形式表示

　　註標值都是從 0 開始，首先固定第一個註標值，接著將第二個註標從 0 變動到最大值；然後才改變第一個註標值，並重複同樣的過程。若以矩陣形式來表示則較為清楚，如圖 8-3 所示：

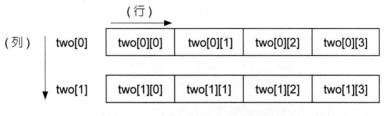

圖 8-3　二維陣列以矩陣形式表示

可以再觀察出來，若僅變動第一個註標，陣列將沿著同一行的各列移動；相反地，改變第二個註標則能依水平方向運行。矩陣的觀念僅僅存在我們腦中，整個陣列在記憶體內仍然存放於連續的位置，並依線性方式排列。

若想表示二維陣列中的單一元素，最簡單的方法就是使用兩個註標值，譬如陣列 rain[][] 中第 i 列第 j 行的元素就可以表示為

```
rain[i-1][j-1];
```

這裡之所以要減 1，導因於陣列註標值都是從 0 開始。

底下就來看一個實際的例子；我們依序輸入矩陣中各元素的值，然後將其轉置 (transpose)；譬如說有個 2x4 的矩陣：

$$\begin{bmatrix} a11 & a12 & a13 & a14 \\ a21 & a22 & a23 & a24 \end{bmatrix}$$

轉置後的矩陣便成為 4x2：

$$\begin{bmatrix} a11 & a21 \\ a12 & a22 \\ a13 & a23 \\ a14 & a24 \end{bmatrix}$$

這兩個矩陣雖然擁有相同個數的元素，但在結構上卻大不相同；所以在程式中必須宣告兩個不同的陣列：

```
1    /* ch8 matrix.c */
2    #include <stdio.h>
3    #define ROW 3
4    #define COLUMN 5
5
6    int main()
7    {
8        int matrix[ROW][COLUMN];
9        int trans[COLUMN][ROW];
10       int i,j;
11
12       printf("Input source matrix 3*5 :\n");
13       for (i=0; i<ROW; i++) {
14           for (j=0; j<COLUMN; j++) {
15               printf(" matrix[%d][%d] ===> ",i,j);
16               scanf("%d", &matrix[i][j]);
17           }
18           printf("\n");
19       }
20
21       /* Matrix Transpose */
22       for (i=0; i<ROW; i++)
23           for (j=0; j<COLUMN; j++)
24               trans[j][i] = matrix[i][j];
25
26       printf("After transposing ...\n\n");
27
28       printf("Source matrix :\n");
29       for (i=0; i<ROW; i++) {
30           for (j=0; j<COLUMN; j++)
31               printf("%5d", matrix[i][j]);
32           printf("\n");
33       }
34
35       printf("\nTransposed matrix :\n");
36       for (i=0; i<COLUMN; i++) {
37           for (j=0; j<ROW; j++)
38               printf("%5d", trans[i][j]);
39           printf("\n");
40       }
41
42       return 0;
43   }
```

利用常數性的宣告將有助於程式的設計與維護；程式中定義了兩個陣列：

```
int matrix[ROW][COLUMN];
int trans[COLUMN][ROW];
```

可以注意到它們的行列註標範圍剛好顛倒過來。接下來的工作就是為原始矩陣 matrix[][] 讀取資料，最自然的方式便是利用巢狀結構的 for 迴圈：

```
for (i=0; i<ROW; i++)
    for (j=0; j<COLUMN; j++)
        ...
```

外層的 for 迴圈負責每一列的處理，所以變數 i 的範圍將從 0 到 (ROW-1)，而且它必須代表第一個註標值；而內層的 for 迴圈則針對每列中的個別元素，因此變數 j 將從 0 變化到 (COLUMN-1)，而且出現於第二個中括號內。

取得原始矩陣的資料後，接著就要處理轉置的工作，原理很簡單，只要把原始矩陣第 i 列、第 j 行的元素，指定給轉置陣列中第 j 列、第 i 行的元素就可以了；同樣必須採行巢狀式的迴圈結構：

```
for (i=0; i<ROW; i++)
    for (j=0; j<COLUMN; j++)
        trans[j][i] = matrix[i][j];
```

或者是反過來表示也可以：

```
for (i=0; i<COLUMN; i++)
    for (j=0; j<ROW; j++)
        trans[i][j] = matrix[j][i];
```

雖然個別元素在設定時的先後順序不一樣，但最後的結果將是相同的。程式最後分別把兩個矩陣顯示出來，您必須小心註標值的範圍與使用時機。

我們來看看執行結果：

```
Input source matrix 3*5:
 matrix[0][0] ===> 14
 matrix[0][1] ===> 62
 matrix[0][2] ===> 50
 matrix[0][3] ===> 60
 matrix[0][4] ===> 76

 matrix[1][0] ===> 80
 matrix[1][1] ===> 3
 matrix[1][2] ===> 91
 matrix[1][3] ===> 95
```

```
 matrix[1][4] ===> 48

 matrix[2][0] ===> 77
 matrix[2][1] ===> 25
 matrix[2][2] ===> 2
 matrix[2][3] ===> 58
 matrix[2][4] ===> 20

After transposing ...

Source matrix:
    14    62    50    60    76
    80     3    91    95    48
    77    25     2    58    20

Transposed matrix:
    14    80    77
    62     3    25
    50    91     2
    60    95    58
    76    48    20
```

　　二維陣列和一維陣列相同，都可以用初始化的技巧預先設定陣列的資料，我們來看看幾種不同的方式：

```
1   /* ch8 init_2d.c */
2   #include <stdio.h>
3   #include <stdlib.h>
4   int main()
5   {
6       int aaa[2][4] = {{1, 2, 3, 4},
7                        {5, 6, 7, 8}};
8       int bbb[2][4] = {1, 2, 3, 4, 5, 6};
9       int ccc[2][4] = {{1, 2, 3}, {4, 5, 6}};
10      int ddd[][4] = {1, 2, 3, 4, 5, 6, 7, 8};
11      int i,j;
12
13      printf("\nArray aaa[2][4]:\n");
14      for (i=0; i<2; i++) {
15          for (j=0; j<4; j++)
16              printf("%5d", aaa[i][j]);
17          printf("\n");
18      }
19
20      printf("\nArray bbb[2][4]:\n");
21      for (i=0; i<2; i++) {
22          for (j=0; j<4; j++)
```

```
23              printf("%5d", bbb[i][j]);
24          printf("\n");
25      }
26
27      printf("\nArray ccc[2][4]:\n");
28      for (i=0; i<2; i++) {
29          for (j=0; j<4; j++)
30              printf("%5d", ccc[i][j]);
31          printf("\n");
32      }
33
34      printf("\nArray ddd[2][4]:\n");
35      for (i=0; i<2; i++) {
36          for (j=0; j<4; j++)
37              printf("%5d", ddd[i][j]);
38          printf("\n");
39      }
40
41      return 0;
42  }
```

最標準的方式是第一種：

```
int aaa[2][4] = {{1, 2, 3, 4}}, {5, 6, 7, 8}};
```

第一個例子是資料項完全吻合的情形，如果出現數值串列太少時，又會有什麼結果呢？看看接下來的兩個例子：

```
int bbb[2][4] = {1, 2, 3, 4, 5, 6};
```

```
int ccc[2][4] = {{1, 2, 3}, {4, 5, 6}};
```

二者都只有提供 6 個元素，差別在於後者的初始化方式是採用二維陣列的觀點，而前者則利用一維陣列的初始化方式。這兩種方法所產生的效應大不相同，陣列 ccc[] 的結果比較容易理解；其中 {1, 2, 3} 對應於 ccc[0]，至於最後一個沒有初值的元素便設為 0，這與一維陣列的初始化規則互相一致，所以最後的結果將成為：

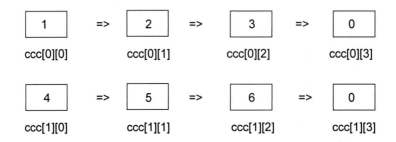

至於陣列 bbb[][] 就不是這樣了，由於 C 語言的陣列是採「以列爲主」(row-major) 的方式，也就是說，陣列的排序乃以各列作爲單位，每列中另外還有自己的元素；所以在初始化時，單一大括號內的數值資料將一一填入某列中的所有元素，直到該列填滿後，才又前進到下一列，所以前面的陣列 bbb[][] 將有如下的結果：

1	=>	2	=>	3	=>	4
bbb[0][0]		bbb[0][1]		bbb[0][2]		bbb[0][3]

5	=>	6	=>	0	=>	0
bbb[1][0]		bbb[1][1]		bbb[1][2]		bbb[1][3]

我們也可以讓系統自行配置所需的空間，例如最後一個陣列 ddd[][]：

```
int ddd[][4] = {1, 2, 3, 4, 5, 6, 7, 8};
```

第一個中括號內沒有任何數值，確實的大小乃由系統依照後面的數值串列個數來決定；但是第二個中括號內卻不可以留白，因爲系統必須知道究竟每列擁有多少個元素，才有辦法決定陣列的確實結構；也因爲有了這項重要資訊，二維陣列的表示法才有意義。

底下是程式 init_2d.c 的執行結果：

```
Array aaa[2][4]:
    1    2    3    4
    5    6    7    8
```

```
Array bbb[2][4]:
    1    2    3    4
    5    6    0    0

Array ccc[2][4]:
    1    2    3    0
    4    5    6    0

Array ddd[2][4]:
    1    2    3    4
    5    6    7    8
```

多維陣列 (multi-dimensional array) 的觀念上與二維陣列相同，例如：三維陣列就該擁有三個註標值，四維陣列有四個註標值 ... 等等。再強調一次，不論陣列維數的多寡，整個陣列必定完整地連接在一起，並依線性方式加以存放。三維陣列可以視為二維串列的集合，二維串列是一維串列的集合，而一維串列是由多個變數所組成。

當我們要初始化多維陣列時，若想讓系統自行計算資料項的個數，那麼在書寫時僅能空下最左邊的那一對中括號，其他的中括號內都必須明確給定數值；譬如：

```
int three[][2][3] = {1, 2, 3, 4, 5, 6, 7, 8, 9, 10, 11, 12};
```

一般來說，我們最多只使用到三維陣列，再多維的陣列就比較難以理解了；不過在觀念上，任何維數的陣列都擁有相同的一致性。

8.4　應用範例

一、插入排序法

「排序」(sorting) 是電腦最常處理的動作，所謂排序就是把一群資料依照順序排列完成，最簡單的莫過於依循遞增或遞減的規則。排序的方法有很多，這裡將介紹非常容易理解的一種——插入排序法 (insertion sort)；它的動作就像在玩撲克牌時，每拿到一張新牌，便把它放到適當的位置，於是當整副牌發完後，手中的牌也已經按照某種規則排好了。

　　插入排序法若以陣列來實作，將會非常簡單與清楚，譬如底下的情況：原本有五個整數已經依遞增順序排列好，現在想插進第六項資料：

1	4	9	13	17			5

　　最後的結果將造成擁有 6 個元素的陣列；一開始我們先拿 5 與 17(最後一個元素) 來比較，由於 5 比較小，所以 17 將被擠向後一個元素：

1	4	9	13		17		5

　　然後 5 又比 13 小，因此 13 也被往後推，於是有接下來的連串過程：

1	4	9		13	17		5

1	4	9	13	17		5

　　當數值 5 拿來與下一項元素相比時，將發現原本的數值 4 比 5 小，它應該保留原來的位置，然後把 5 放在空出來的地方就可以了：

1	4	5	9	13	17

　　整個陣列仍然維持遞增的順序，當第 7 項資料進來時，重複上述的過程即可；對一個擁有 N 項資料而有待排序的陣列而言，只要從第 2 個元素開始直到最後一個為止，都執行上述的步驟，那麼整個陣列便能排序完成。很直覺地，這是 for 迴圈的工作：

```
for (i=2; i<=N; i++)
    insert();
```

　　此處的 insert() 乃代表真正執行插入的工作。作法很簡單，我們先把等待要插入的資料項記錄下來，然後再以另一個 for 迴圈從陣列後方開始向前找，若是原始陣列的元素比較大，就將它往後挪一格；這個過程一直持續到發現待插入資料，已經比原始陣列中的元素還大時才停止，這時候只要把待插入資料放入適當的位置就可以了；這些步驟可用下面的程式片段加以表示 (ary[] 為原始陣列)：

```
/*insert()*/
for (i=2; i<=N; i++) {
    temp = ary[i];                /*ary[i] 為欲插入的元素 */
    for (j=i; ary[j-1]>=temp; j--)
        ary[j] = ary[j-1];        /* 往後移 */
    ary[j] = temp;                /* 插入正確的位址 */
}
```

注意到內層 for 迴圈的控制變數 j 乃是遞減的，它的初始值為外層迴圈的變數 i，也就是待插入的那項資料；關於程式片段執行的細部情形可和前面的文字說明與圖例互相對照。

底下我們就把實際的程式列出來：

```
1    /* ch8 ins_sort.c */
2    #include <stdio.h>
3    #include <stdlib.h>
4    #include <time.h>
5    int main()
6    {
7        int ary[21];
8        int i,j;
9        int temp;
10
11       srand(time(NULL));
12       ary[0] = -1;
13       for (i=1; i<=20; i++)
14           ary[i] = rand() % 100 + 1;
15
16       printf("\nSource Array ...\n");
17       for (i=1; i<=20; i++) {
18           printf("%5d", ary[i]);
19           if (!(i % 5))
20               printf("\n");
21       }
22
23       /* Insertion Sorting */
24       for (i=2; i<=20; i++) {
25           temp = ary[i];
26           for (j=i; ary[j-1]>=temp; j--)
```

```
27                  ary[j] = ary[j-1];
28              ary[j] = temp;
29      }
30
31      printf("\nSorted Array ...\n");
32      for (i=1; i<=20; i++) {
33          printf("%5d", ary[i]);
34          if (!(i % 5))
35              printf("\n");
36      }
37
38      return 0;
39  }
```

程式中運用了一點小技巧，我們所要排序的陣列只含有 20 個元素，但卻宣告了一個 21 個元素大小的陣列：

```
int ary[21];
```

事實上真正的資料乃存放於 ary[1] 到 ary[20] 的空間，第一個元素則有特殊的用途：

```
ary[0] = -1;
```

一開始便把它設定為 -1，這個值並非一定要如此，只要保證它不會比任何一個合法元素大就行了；本例中我們以 C 所提供的函式 rand() 來設定陣列 ary[] 的初值：

```
for(i=1; i<=20; i++)
    ary[i] = rand() % 100 + 1;
```

函式 rand() 乃定義於 stdlib.h 標頭檔案中，所以程式一開始就先將其引入該函式的原型宣告如下：

```
int rand(void);
```

函式 rand() % x 將回傳介於 0 到 (x-1) 之間的亂數值 (random number)；由於不會有負值出現，所以我們把 ary[0] 設為 -1，其實任何負數都可以。

ary[0] 的作用在於避免額外做出邊界條件的測試，假設現在所要插入的數值是目前陣列中最小的一個：

3	5	7	9	11		1

根據前面的說明，經過 5 次迴圈循環後，應該變成這樣：

	3	5	7	9	11		1

這時候的 1 已經沒有元素可供其比較，為了防止這類情形發生，我們可能還要測試目前的插入位置是否已經到了盡頭；但是若能採用程式中的技巧，陣列第一個元素保證是最小的：

-1		3	5	7	9	11		1

任何合法數值與 ary[0](即 -1) 相比一定都較為大，所以必會插進陣列的第二個位置 (即 ary[1])，我們只浪費了一點空間，卻能使程式碼簡潔不少，這類技巧在許多程式中都可發現。

最後還是把程式執行看看：

```
Source Array ...
    8    50    74    59    31
   73    45    79    24    10
   41    66    93    43    88
    4    28    30    41    13

Sorted Array ...
    4     8    10    13    24
   28    30    31    41    41
   43    45    50    59    66
   73    74    79    88    93
```

首先看到的是函式 rand() 所產生的亂數，的確不錯，而最後的陣列也能依循遞增順序排列完成。

二、二元搜尋法

我們曾在第 5 章時大致介紹過二元搜尋法 (binary search)，這種演算法在搜尋過程間，每次都會刪掉一大半不可能的資料，所以搜尋的速度非常快。

對一個含有 N 個元素的資料而言，若想尋找某個特定元素，線性搜尋 (linear search) 平均要花上 N/2 次的比較工作；最差的情況則需要 N 個步驟。但以二元搜尋法來實作，最多僅需 $\log_2 N$ 的時間 (在此的對數記號均以 2 為底數)。所以拿 1024 個資料項而言，線性搜尋平均要花 512 次的比較動作，而二元搜尋法最多僅需 10 次 ($\log_2 1024=10$) 就足夠了；這項差距在 N 值逐漸增大時將更為顯著。

採取二元搜尋法的基本條件是原始的陣列已經先行排序完成，關於這一點，前一節曾介紹過插入排序法，陣列的排序將不成問題，接下就是如何以陣列實作二元搜尋：

```
1   /* ch8 b_search.c */
2
3   #include <stdio.h>
4   #include <stdlib.h>
5
6   int main()
7   {
8       int ary[21] = { -1, 23, 21, 2, 34, 45,
9                       67, 44, 667, 86, 33,
10                      25, 66, 8, 15, 89, 99,
11                      100, 105, 29, 48};
12      int i,j;
13      int temp, key;
14      int left, right, mid;
15
16      /* Insertion Sorting */
17      for (i=2; i<=20; i++) {
18          temp = ary[i];
19          for (j=i; ary[j-1]>=temp; j--)
20              ary[j] = ary[j-1];
21          ary[j] = temp;
22      }
23
24      printf("\nSorted Array ...\n");
25      for (i=1; i<=20; i++) {
```

```
26              printf("%5d",ary[i]);
27              if (!(i%5))
28                  printf("\n");
29          }
30
31      printf("\nNumber Searching : ");
32      while (scanf("%d", &key) == 1) {
33          left=1;
34          right=20;
35          while (left <= right) {
36              mid = (left + right) / 2;
37              if (key == ary[mid])
38                  break;
39              if (key < ary[mid])
40                  right = mid -1;
41              else
42                  left = mid + 1;
43          }
44          if (ary[mid] == key)
45              printf(" Finding %d in Rank %d.\n",key,mid);
46          else
47              printf(" Sorry, not found !\n");
48          printf("\nNumber Searching : ");
49      }
50      return 0;
51  }
```

　　二元搜尋法的觀念非常簡單，首先拿中間元素與欲搜尋值相比較，若是相等，則代表已經找到了；若欲搜尋值比中間值來得小，則代表右半部的元素一定不可能含有待尋找的數值，因為欲搜尋值在左半部。如此便能刪除大半的元素；同樣地，若欲搜尋值比中間值來得大，那麼只好保留右半邊的元素。這種過程一直持續到被分割的陣列已經不含有元素或是找不到適當的元素為止。假設有一陣列 ary 的大小為 101，第一個元素假設為 -1，其不是我們所想要找的資料。首先設定 left=1，right=100，則 mid=(left + right)/2=50。

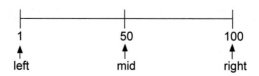

若欲搜尋值 key 比 ary[50] 的值大,則搜尋值一定落在 mid 的右邊,故將 left = mid+1,right 不變;

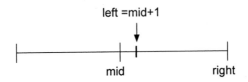

反之,若搜尋值 key 比 ary[50] 的值小,則搜尋值一定落在 mid 的左方,故將 right=mid-1,left 不變,再繼續計算 mid。從這裡的敘述可得知,為什麼二元搜尋法事先要將資料排序好的原因。您可以自行驗證 b_search.c 中的該段程式碼。

底下是執行的範例:

```
Sorted Array ...
    2     8    15    21    23
   25    29    33    34    44
   45    48    66    67    86
   89    99   100   105   667

Number Searching : 34
 Finding 34 in Rank 9.

Number Searching : 66
 Finding 66 in Rank 13.

Number Searching : 8
 Finding 8 in Rank 2.

Number Searching : 98
 Sorry, not found !

Number Searching : q
```

看過兩個實際的應用,您是否發覺整個程式的架構並非那麼明確,所有的程式都集中於 main() 中,之所以沒有採取較具模組化的函式設計技巧,其實是因為處理陣列的函式大多牽涉到指標 (pointer) 的觀念,我們將在下一章裡以完整的篇幅來討論指標與陣列的關係。

8.5　摘要

　　陣列是一種儲存相同型態之資料的結構，利用迴圈並配合陣列的註標值，將可完美地處理大量資料。本章介紹了陣列的概念，包括宣告的方法與表示方法，尤其特別強調陣列初始化的技巧；最後也舉出了兩個常見的應用範例。陣列在資料結構 (data structures) 的領域中使用得非常廣泛；而在 C 語言裡，陣列與指標更有著密切不可分割的關係，我們馬上就會討論它們。

8.6 上機練習

1.

```
1   //p8-1.c
2   #include <stdio.h>
3   int main()
4   {
5       int num[50], index=0, i, total=0;
6       do {
7           printf("Enter a number (enter 0 to exit): ");
8           scanf("%d", &num[index++]);
9           total += num[index-1];
10      } while (num[index-1] != 0 && index < 50);
11
12      for (i=0; i<index; i++)
13          printf("%2d ", num[i]);
14      printf("\n\ntotal = %d\n", total);
15      return 0;
16  }
```

2.

```
1   //p8-2.c
2   #include <stdio.h>
3   int main( )
4   {
5       int score[2][3] = {{10, 20}, {30, 40, 50}};
6       int i, j;
7       for (i = 0; i < 2; i++)
8           for(j = 0; j < 3; j++)
9               printf("score[%d][%d] = %d\n", i, j, score[i][j]);
10
11      return 0;
12  }
```

3.

```
1   //p8-3.c
2   //selection sort
3   #include <stdio.h>
4   void select_sort(int[], int);
5
6   int main()
7   {
8       int data[6] = {22, 9, 28, 36, 17, 6};
```

```
9        int i;
10       printf("Number : ");
11       for (i = 0; i < 5; i++)
12           printf("%d ", data[i]);
13       printf("\n\n");
14
15       select_sort(data, 5);
16       printf("\nSorted: ");
17       for (i = 0; i < 5; i++)
18           printf("%2d ", data[i]);
19
20       return 0;
21   }
22
23   void select_sort(int data[], int n)
24   {
25       int i, j, k, min, temp;
26       for (i = 0; i < n-1; i++) {
27           min = i;
28           for (j = i+1; j < n; j++)
29               if(data[j] < data[min])
30                   min = j;
31           temp = data[min];
32           data[min] = data[i];
33           data[i] = temp;
34           printf("sorting... ");
35           for (k = 0; k < n; k++)
36               printf("%d ", data[k]);
37           printf("\n");
38       }
39   }
```

4.

```
1    //p8-4.c
2    //sequential search
3    #include <stdio.h>
4    int main()
5    {
6        int data[6] = {26, 38, 15, 8, 25, 98};
7        int i, input;
8        printf("Data: ");
9        for (i = 0; i < 6; i++)
10           printf("%d ", data[i]);
11       printf("\n");
12       printf("Enter a number to search: ");
13       scanf("%d", &input);
14       printf("\nSearching...\n");
```

```
15
16      for (i = 0; i < 6; i++) {
17          printf("Data when searching %2d time(s) is %d !\n", i + 1,data[i]);
18          if (input == data[i])
19              break;
20      }
21
22      if (i < 6)
23          printf("\nFound, %d is the #%d record in data ! ", input, i+1);
24      else
25          printf("\n%d not found ! ", input);
26
27      return 0;
28  }
```

8.7 除錯題

1.

```
1   //d8-1.c
2   #include <stdio.h>
3   int main()
4   {
5       int arr[4] = [10, 20, 30, 40, 50];
6       int i;
7       printf(" 印出所有陣列元素 :\n\n");
8       for (i=0; i<=5; i++)
9           printf(" %2d", arr[i]);
10      printf("\n");
11
12      return 0;
13  }
```

2.

```
1   //d8-2.c
2   #include <stdio.h>
3   int main()
4   {
5       int[] arr = {1, 2, 3, 4, 5, 6, 7};
6       int arrLength = sizeof(arr);
7       printf(" 此陣列的長度為 %d\n", arrLength);
8
9       return 0;
10  }
```

3.

```
1   //d8-3.c
2   #include <stdio.h>
3   int main()
4   {
5       int num[2][3];
6       int i, j;
7       for (i=0; i<3; i++)
8           for (j=0; j<2; j++)
9               printf(" 請輸入 num[%d][%d]: ", i, j);
10              scanf("%d", num[i][j]);
11
12      printf("\n 印出陣列 num 的所有元素 \n");
13      for (i=0; i<3; i++)
```

```
14          for (j=0; j<2; j++)
15                  printf("num[%d][%d]=%d\n", i, j, num[i][j]);
16
17      return 0;
18  }
```

4.

```
1   //d8-4.c
2   #include <stdio.h>
3   int main()
4   {
5       int arr[10] = {1, 2, 3, 4, 5, 6, 7, 8, 9, 10};
6       int i, total;
7       for (i=1; i<10; i++)
8           total + arr[i];
9       printf(" 陣列的總和為 %d\n", total);
10
11      return 0;
12  }
```

5.

```
1   //d8-5.c
2   #include <stdio.h>
3   void multiply(int);
4
5   int main()
6   {
7       int num[5] = {1, 3, 5, 7, 9};
8       int i;
9       multiply(num);
10      printf(" 將每個元素乘以 10 後 \n");
11      for (i=0; i<5; i++)
12          printf(" num[%d]=%d\n", i, num[i]);
13
14      return 0;
15  }
16
17  void multiply(int[] arr)
18  {
19      int i;
20      for (i=0; i<5; i++)
21          num[i] *= 10;
22  }
```

8.8　程式實作

1.　氣泡排序 (bubble sort) 乃是將相鄰的資料兩兩相比，如要將下列資料由小至大排序之，假設有五個資料分別為 18, 2, 20, 34, 12，其氣泡排序運作過程如下：

試撰寫一程式執行之。

2.　輸入學生 C 期中考選擇題的答案，並與標準答案對照，計算答對和答錯的題數，試撰寫一程式執行之。

3.　撰寫一程式，輸入二個 3*3 的矩陣，然後，將其相加後，輸出 3*3 的矩陣。其運作過程如下：

$$\begin{bmatrix} 1 & 2 & 3 \\ 4 & 5 & 6 \\ 7 & 8 & 9 \end{bmatrix} + \begin{bmatrix} 11 & 12 & 13 \\ 14 & 15 & 16 \\ 17 & 18 & 19 \end{bmatrix} = \begin{bmatrix} 1{+}11 & 2{+}12 & 3{+}13 \\ 4{+}14 & 5{+}15 & 6{+}16 \\ 7{+}17 & 8{+}18 & 9{+}19 \end{bmatrix} = \begin{bmatrix} 12 & 14 & 16 \\ 18 & 20 & 22 \\ 24 & 26 & 28 \end{bmatrix}$$

4. 撰寫一程式，輸入一個 2*3 的矩陣和一個 3*2 的矩陣，然後，將其相乘後，輸出 2*2 的矩陣。其運作過程如下：

$$\begin{bmatrix} 2 & 1 & -3 \\ -2 & 2 & 4 \end{bmatrix} * \begin{bmatrix} -1 & 2 \\ 0 & -3 \\ 2 & 1 \end{bmatrix} = \begin{bmatrix} 2(-1)+1(0)+(-3)2 & 2(2)+1(-3)+(-3)1 \\ (-2)(-1)+2(0)+4(2) & (-2)2+2(-3)+4(1) \end{bmatrix}$$

$$= \begin{bmatrix} -8 & -2 \\ 10 & -6 \end{bmatrix}$$

5. 請撰寫一程式，產生一組大樂透號碼，試試您的手氣。（大樂透玩法是產生 6 個由 1 至 49 的數值）

6. 試撰寫一程式，產生一組威力彩號碼。（威力彩玩法是 (1) 產生 6 個由 1 至 38 的數值放在第一區，(2) 產生 1 個由 1 至 8 的數值放在第二區。）

指　標

指標 (pointer) 為 C 語言裡極為重要的主題，透過指標，我們可以深入記憶體內部，並做出一般高階語言無法辦到的事；藉由指標，我們可以隨時撰寫許多有關資料結構與演算法的程式；此外，指標與陣列也有相當密切的關聯。我們將在這一章先介紹指標的基本觀念，然後舉出指標的實際用途，並說明指標與陣列的互通性。

9.1 指標的觀念

開宗明義地說：指標就是記憶體「位址」(address)。大多數高階語言都把記憶體位址的管理視為系統內部的事，不容許程式設計師輕易接觸，這種設計當然有它的好處，至少可以避免使用者破壞系統的資料或程式；C 語言則提供了指標的觀念，讓使用者能充分掌握系統的資源，雖然有些不可預期的危險，但它展現的威力卻不容忽視。

「指標就是位址」，而「位址」又是什麼呢？原來電腦內部的每個記憶單位都有特定的符號加以識別，一般來說，都是以位元組 (byte) 作為基本的單位；記憶體位址就好像門牌號碼，每一家都擁有一個唯一的編號。

當我們宣告一個普通的變數時：

```
int num;
```

系統便會保留一塊適當的記憶體空間，這塊空間中第一個位元組的位址便是該變數的位址。對程式設計者而言，我們只注意到變數的名稱 (name) 與它擁有的值 (value)，這個名稱僅對我們有意義；經過編譯程式轉換後，所有的變數名稱都會轉換為它們在記憶體內的位址，這個過程是我們看不到的，但在 C 語言裡，卻可經由 & 運算子取得該變數的位址。

舉例來說，變數 num 位於記憶體編號 0012FF7C 的地方，這表示從記憶體位址 0012FF7C 開始的連續四個位元組將分配給 num 使用，因為 num 為 int 型態，而 int 型態在 PC 系統下佔有四個位元組：

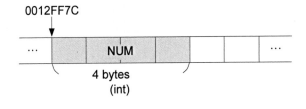

若是指定某個數值給 num：

num = 10;

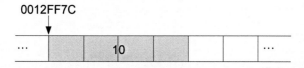

於是以後當我們提及 num 時，從該處取得的記憶體內容便是 10，這也就是使用者於外界看到的變數值。

前面說過，若想知道變數 num 的位址，可以用 & 運算子輔助之，本例中得到的結果便為 0012FF7C：

num == 10（值）

&num == 0012FF7C（位址）

利用 printf() 的 %p 規格將能印出這個位址，此處的「p」便是代表指標 (pointer)。我們來看看一個簡單的例子：

```
1    /* ch9 pointer.c */
2    #include <stdio.h>
3    void func_call(void);
4
5    int main()
6    {
7        int num = 10;
8        char ch1 = 'A';
9        char ch2 = 'B';
10       double value1 = 3.14;
11       double value2 = 0.782;
12
13       printf("In main() ...\n");
14       printf("  num = %d  &num = %p\n", num, &num);
15       printf("  ch1 = %c  &ch1 = %p\n", ch1, &ch1);
16       printf("  ch2 = %c  &ch2 = %p\n", ch2, &ch2);
17       printf("  value1 = %.2f &value1 = %p\n", value1, &value1);
18       printf("  value2 = %.2f &value2 = %p\n", value2, &value2);
19
20       func_call();
21       return 0;
```

```
22  }
23
24  void func_call(void)
25  {
26      int num = 10;
27      char ch1 = 'A';
28      char ch2 = 'B';
29      double value1 = 3.14;
30
31      printf("\nIn func_call() ...\n");
32
33      printf("  num = %d  &num = %p\n", num, &num);
34      printf("  ch1 = %c  &ch1 = %p\n", ch1, &ch1);
35      printf("  ch2 = %c  &ch2 = %p\n", ch2, &ch2);
36      printf("  value1 = %.2f &value1 = %p\n", value1, &value1);
37  }
```

執行結果如下：

```
In main() ...
    num = 10           &num = 0012FF7C
    ch1 = A            &ch1 = 0012FF78
    ch2 = B            &ch2 = 0012FF74
    value1 = 3.14      &value1 = 0012FF6C
    value2 = 0.78      &value2 = 0012FF64

In func_call() ...
    num = 10           &num = 0012FF0C
    ch1 = A            &ch1 = 0012FF08
    ch2 = B            &ch2 = 0012FF04
    value1 = 3.14      &value1 = 0012FEFC
```

　　要注意到函式內部 func_call()，雖然擁有和 main() 中相同名稱的變數，但它們的位址卻不相同，所以是兩組完全沒有關聯的變數，這也就是為何稱函式內的變數為「區域性」(local) 的原因。

　　注意，你產生的執行結果可能和上述所列的記憶體位址不一樣，因為我們使用的電腦不是同一台，所以記憶體位址會有所不同。其實印出的記憶體位址不重要，在這只是方便行文而已。

9.2　指標變數

　　透過 & 運算子即可取得變數的位址，這個位址可以說是指標常數，其為固定的值；我們是否也能宣告一個指標變數，而使其保存任意的位址呢？答案是可以的，但該如何宣告呢？

　　也許您認為是底下這樣：

```
pointer ptr;
```

　　於是便能宣告 ptr 為一指標變數，事實上這是不夠的，系統除了要知道 ptr 為一指標外，還必須了解 ptr 所指向的究竟是哪一種資料型態。C 語言裡正確的指標變數宣告方式是這樣的：

```
type *ptr;
```

　　type 為該指標所指變數的型態，譬如 int、char、float 等等，然後以一個星號（*）代表後面的名稱為指標變數，下面的宣告都是合法的：

```
int *ptr1;      /* 指向 int 的指標 */
char *ptr2;     /* 指向 char 的指標 */
float *ptr3;    /* 指向 float 的指標 */
```

　　指標變數本身仍然存放於固定的地方 (就如普通的變數)，但其內容則是某個記憶體的位址，我們可以透過 * (間接運算子) 取得指標所指向的值。

　　&ptr 當然是個位址，而且固定不會改變；而 ptr 則是變數，它所儲存的內容為記憶體位址，我們可以設定不同變數的位址給它；至於 *ptr 則是 ptr 所指向位址的內含值。由於我們已經宣告了指標變數的型態，所以系統才有辦法知道如何解釋 ptr 所指向區域的內容。

　　運算子 * 和 & 大致上可說是互補的，譬如有個簡單的宣告：

```
int num;
```

&num 即為該變數的位址，若以 * 運算子作用於前者，即 *(&num)，那麼應該能取得該位址所指的值，這個值實際上也就是 num，所以我們可以說：

```
*(&num) == num
```

底下有個小小的範例：

```
1    /* ch9 ptr_var.c */
2    #include <stdio.h>
3    int main()
4    {
5        int num = 10;
6        int *ptr_num;
7        printf("  num = %d  &num = %p\n",num,&num);
8        ptr_num = &num;
9        printf("  *ptr_num = %d  ptr_num = %p  &ptr_num = %p\n",
10                   *ptr_num, ptr_num, &ptr_num);
11
12       return 0;
13   }
```

輸出如下：

```
 num = 10           &num = 0012FF7C
 *ptr_num = 10   ptr_num = 0012FF7C  &ptr_num = 0012FF78
```

開始的時候，變數 num 位於 0012FF7C 的地方，而其內含值為 10；至於此時的指標變數 ptr_num 則是未定義的：

程式中有條極為重要的敘述：

```
ptr_num = &num;
```

於是會造成底下的結果：

當我們以 * 運算子作用於 ptr_num 之上時，正如同取得了 num 的值；所以上面的敘述就好像是

```
*ptr_num = num;
```

如果您認為這樣沒有問題，那您就錯了，因為在宣告之初，我們並沒有給予 ptr_num 任何初始值，所以 ptr_num 的內容為垃圾值。當我們直接把 num 值設定給 ptr_num 時，可能當時的 ptr_num 正好指向程式或資料區的部分，往往這種作法將導致系統當機。我們必須強調，任何指標變數在使用前，一定要先有個具有意義的設定 (譬如特定的硬體位址或是前面例子中某個變數的位址 ... 等)，然後才能以 * 得到此變數的內含值。

指標是 C 語言最具有特色的主題，若您沒學好指標，等於沒學過 C 語言一般。往後的主題皆會與指標有密切的關係，請讀者多花一點心思，仔細的研究一下。

9.3　指標的用途

本節將介紹指標所提供的用途之一：如何透過函式呼叫，而把兩個實際參數的值互相置換過來，這種動作常常發生，有必要詳細討論。底下有個簡單的作法：

```
1    /* ch9 swap1.c */
2    #include <stdio.h>
3    void swap(int, int);
4
5    int main()
6    {
7        int x, y;
8
9        x = 100;
10       y = 200;
11
12       printf("Initial ...\n");
13       printf("  x = %d  y = %d\n",x,y);
14       swap(x,y);
15       printf("\nAfter swapping ...\n");
```

```
16      printf("  x = %d  y = %d\n",x,y);
17      return 0;
18  }
19
20  void swap(int a, int b)
21  {
22      int temp;
23
24      temp = a;
25      a = b;
26      b = temp;
27  }
```

變數 x 與 y 的初值分別是 100 和 200，我們希望透過函式呼叫

```
swap(x, y);
```

之後，而使 x, y 的值互相調換。換句話說，x 變成 200，而 y 則爲 100。可想而知，程式的重點當然在於函式 swap() 的作法：

```
void swap(int a, int b)
{
    int temp;
    temp = a;
    a = b;
    b = temp;
}
```

變數 a 與 b 分別是形式參數，互換的動作並非如下所述那麼簡單：

```
a = b;
b = a;
```

這兩條敘述並無法將 a、b 的資料互相交換，因爲當我們拿 a 值設定給 b 之前，a 的值早就被設定爲最初的 b 值了；最後的結果將使 a 與 b 這兩個變數都擁有原始的 b 值。

正確的方式是另外建立一個暫時變數 temp，先把 a 值儲存於 temp，然後把 b 值設定給變數 a，最後才拿暫存變數值 temp 指定給變數 b。可參閱圖 9-1：

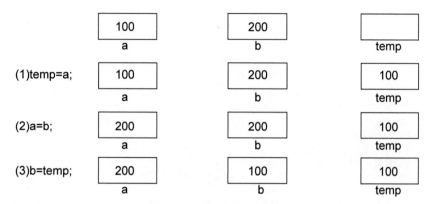

圖 9-1　兩數交換示意圖

　　函式 swap() 的處理方式應該沒有問題，我們把執行結果列示出來看看能否成功：

```
Initial ...
   x = 100   y = 200
After swapping ...
   x = 100   y = 200
```

　　奇怪！兩個數值竟然沒有互換，到底哪裡出了問題？我們用底下的程式加以檢驗：

```
1    /* ch9 swap2.c */
2    #include <stdio.h>
3    void swap(int, int);
4
5    int main()
6    {
7        int x, y;
8
9        x = 100;
10       y = 200;
11
12       printf("Initial ...\n");
13       printf("   x = %d   y = %d\n",x,y);
14
15       swap(x,y);
16
```

```
17      printf("\nAfter swapping ...\n");
18      printf("  x = %d  y = %d\n",x,y);
19      return 0;
20  }
21
22
23  void swap(int a, int b)
24  {
25      int temp;
26
27      printf("\nIn swap() ...\n");
28      printf("  a = %d  b = %d\n",a,b);
29      temp = a;
30      a = b;
31      b = temp;
32      printf("End swap() ...\n");
33      printf("  a = %d  b = %d\n",a,b);
34  }
```

程式中以函式 printf() 印出各個變數的值，藉以追蹤程式的流程，輸出是這樣的：

```
Initial ...
  x = 100  y = 200
In swap() ...
  a = 100  b = 200
End swap() ...
  a = 200  b = 100

After swapping ...
  x = 100  y = 200
```

在函式 swap() 內部，形式參數 a 與 b 的值的確已經互換，可見得我們採用的方法並沒有錯誤；但回到主程式時，實際參數 x，y 卻不受影響。原來 C 語言裡函式參數的傳遞方式是採取所謂「以值呼叫」(call by value) 的技巧，也就是說，函式被呼叫時，形式參數僅會接受到實際參數的拷貝值 (copy)，不論在函式中對形式參數做出任何動作，實際參數都不受其影響。

或許利用 return 敘述可以解決部分的問題，但是每個函式最多僅能回傳一個值，而本例卻想更改兩個變數的值，所以 return 敘述無法解決我們的困境。

正確的作法是採取「以址呼叫」(call by address) 的參數傳遞方式；換句話說，我們把變數 x 與 y 的位址 (亦即指標) 傳進函式 swap()；而在 swap() 內部，就讓所需的運算發生於實際參數的位址上；如此一來，當控制權回到 main() 時，變數 x 和 y 的值就能改變了。

有了這些觀念，我們該來想想程式要如何設計。首先是函式呼叫應該變成：

```
swap(&x, &y);
```

我們把 x 與 y 的位址傳進函式 swap()。由於該參數乃指向 int 型態的指標，所以 swap() 定義宣告部分的形式參數也必須修改：

```
void swap(int *, int *);
```

函式原形指出函式 swap() 將接受兩個參數，它們都是指向 int 的指標；而 swap() 的函式本體也需要改寫：

```
void swap(int *a, int *b)
{
    int temp;
    temp = *a;
    *a = *b;
    *b = temp;
}
```

還記得吧！ a 與 b 都是指標變數，可接受任何指向 int 型態的位址；而 *a 和 *b 則為指標所指之處的內含值。底下是完整的程式：

```
1   /* ch9 swap3.c */
2   #include <stdio.h>
3   void swap(int *, int *);
4
5   int main()
6   {
7       int x,y;
8
9       x = 100;
10      y = 200;
11
```

```
12      printf("Initial ...\n");
13      printf("   x = %d  y = %d\n", x, y);
14      swap(&x, &y);
15      printf("\nAfter swapping ...\n");
16      printf("   x = %d  y = %d\n", x, y);
17      return 0;
18   }
19
20   void swap(int *a, int *b)
21   {
22      int temp;
23
24      printf("\nIn swap() ...\n");
25      printf("   *a = %d  *b = %d\n", *a, *b);
26      temp = *a;
27      *a = *b;
28      *b = temp;
29      printf("End swap() ...\n");
30      printf("   *a = %d  *b = %d\n", *a, *b);
31   }
```

如此一來，變數 x 與 y 便可互換了：

```
Initial ...
   x = 100   y = 200
In swap() ...
   *a = 100 *b = 200
End swap() ...
   *a = 200 *b = 100

After swapping ...
   x = 200   y = 100
```

看過上述說明，您應該了解到函式 scanf() 中為何使用 & 記號，因為函式 scanf() 的目的無非是替變數讀取新值，正是這個原因，變數的值可能會被改變，所以必須採用以址呼叫的方式。

以址呼叫的技巧威力頗大，但它也有某些缺點，濫用的結果可能導致不少副作用 (side-effect)，而意外地把實際參數改變了；以值呼叫就不會有這種效應。大都是使用以值呼叫，除非有實際需要才採取以址呼叫，而且在使用時也必須認清真正的目的與其可能發生的影響。

9.4　陣列與指標

陣列與指標究竟有什麼關係呢？

事實上，陣列的名稱即為該陣列第一個元素的位址，所以陣列的名稱也是指標。例如有個簡單的整數陣列：

```
int ary[5];
```

陣列名稱 ary 即等價於 ary[0] 的位址，也就是說：

```
ary == &ary[0]
```

它們都是固定的位址，一旦確認之後就不會任意變動。系統有了 ary 的位址，再配合陣列元素的型態與元素的註標值，便可求出特定元素的位址，如圖 9-2 所示：

&ary[0]	&ary[1]	&ary[2]	&ary[3]	&ary[4]
ary[0]	ary[1]	ary[2]	ary[3]	ary[4]

圖 9-2　int ary[5] 示意圖

先來看看一個簡單的測試：

```
1    /* ch9 ary_ptr1.c */
2    #include <stdio.h>
3    int main()
4    {
5        int a[6] = {1, 2, 3, 4, 5, 6};
6        double b[6] = {1.1, 2.2, 3.3, 4.4, 5.5, 6.6};
7        int i;
8
9        for (i=0; i<6; i++)
10          printf("&a[%d]=%p, a+%d=%p\n",
11                          i, &a[i], i, (a+i));
12       printf("\n");
13       for (i=0; i<6; i++)
14          printf("&b[%d]=%p, b+%d=%p\n",
15                          i, &b[i], i, (b+i));
16
17       return 0;
18   }
```

程式中共有兩個陣列：

```
int a[6];
double b[6];
```

我們要觀察的是：當我們把固定常數加諸於陣列名稱時，將會發生什麼事。以下就是執行的結果：

```
&a[0]=0012FF68, a+0=0012FF68
&a[1]=0012FF6C, a+1=0012FF6C
&a[2]=0012FF70, a+2=0012FF70
&a[3]=0012FF74, a+3=0012FF74
&a[4]=0012FF78, a+4=0012FF78
&a[5]=0012FF7C, a+5=0012FF7C

&b[0]=0012FF38, b+0=0012FF38
&b[1]=0012FF40, b+1=0012FF40
&b[2]=0012FF48, b+2=0012FF48
&b[3]=0012FF50, b+3=0012FF50
&b[4]=0012FF58, b+4=0012FF58
&b[5]=0012FF60, b+5=0012FF60
```

輸出情形令人有點驚訝：

```
a == 0012FF68          b == 0012FF38
a+1 == 0012FF6C       b+1 == 0012FF40
a+2 == 0012FF70       b+2 == 0012FF48
```

先觀察陣列 a[]，位址常數 a 的位址竟然比 (a+1) 的位址少了 4；根據結果顯示，陣列名稱 a 每多增加 1，最後的位址都會多出 4。至於陣列 b[] 的情形也頗雷同，只不過它每次會增加 8。

其實在 C 語言裡，把指標值加 1 並不意味著到下一個位元組位址，真正的涵義是「指向下一個物件」。譬如陣列 a[]，在此所謂的物件就是 int 型態，於是當我們把 a 加 1 時，將使指標指到下一個元素的位址，這個位址與 a 的位址剛好相差 4，因為 int 型態佔用四個位元組。同樣的道理，陣列 b 是 double 型態，所以指標 b 每增加 1，便會造成位址增加 8。

圖 9-3 將提供一個很好的說明：

int a[6];

記憶體位址→　0012FF68　　0012FF6C　　0012FF70　　0012FF74　　0012FF78　　0012FF7C

指標記號→　　　a　　　　　a+1　　　　a+2　　　　a+3　　　　a+4　　　　a+5

陣列元素→

a[0]	a[1]	a[2]	a[3]	a[4]	a[5]

圖 9-3　int a[6] 示意圖

有了指標增減的觀念，我們可以再導出另一層關係：拿指標 (a+2) 來說，它是指向 int 的位址。我們若以 * 運算子作用其上，應該可以得到它所指位址的內含值，而這個值若以陣列記號來表示恰巧為 a[2]，所以底下的關係是成立的：

```
*(a+2) == a[2]
```

若將其一般化，則可導出下列關係：

```
(a+i) == &a[i];
*(a+i) == a[i];
```

從這裡便可看出陣列與指標的緊密關係，兩種形式都是允許的。

順便提出一點，*(a+i) 與 *a+i 意義上完全不同，由於 * 擁有比 + 還高的優先順序，所以後者的實際效果是 (*a)+i；亦即先取得陣列元素 a[0] 的值，然後才將該值加上 i，這與前者代表的元素 a[i] 大不相同。我們來看下面一個範例：

```
1    /* ch9 ary_ptr2.c */
2    #include <stdio.h>
3    int main()
4    {
5        int i;
6        int a[] = {1, 2, 3, 4, 5};
7        int *ptr = a;
8
9        for (i=0; i<sizeof(a)/sizeof(int); i++) {
10           printf(" a[%d] = %d\n", i, a[i]);
11           printf(" *(ptr+%d)=%d\n\n", i, *(ptr+i));
12       }
13
14       return 0;
15   }
```

以下就是執行的結果：

```
a[0] = 1
*(ptr+0)=1

a[1] = 2
*(ptr+1)=2

a[2] = 3
*(ptr+2)=3

a[3] = 4
*(ptr+3)=4

a[4] = 5
*(ptr+4)=5
```

程式中

```
int *ptr = a;
```

表示

```
int *ptr;
ptr = a;
```

亦即 ptr 指向陣列第一個元素的位址，接下來利用指標 ptr 擷取陣列中的每一個元素之值。當然，ptr 一開始並不一定是要指向陣列中的第一個元素位址，而任何一個元素的位址皆可，如

```
ptr = a+2;
```

則 ptr 指向陣列的第三個元素的位址，此時

```
*ptr == 3
*(ptr+1) == 4
*(ptr+2) == 5
```

而

```
*(ptr-1) == 2
*(ptr-2) == 1
```

從上一例題得知；陣列名稱 a 是指標，因為它表示陣列第一個元素的位址；而此範例的 ptr 也是指標，因為它定義為 int *，所以這二個名稱是互通的。如 *a 和 *ptr 是一樣，a[0] 和 ptr[0] 皆可得到 a[0]，以此類推

```
*(a+i) == *(ptr + i) == a[i]
```

唯一不同的是：陣列名稱是指標常數 (pointer constant)；而 ptr 是指標變數 (pointer variable)，因此，ptr 可以使用前置加 (減) 和後繼加 (減)；但陣列名稱不可以使用之。

接下來將討論二維陣列元素與指標的關係。二維陣列通常需以兩個註標值來表示擷取某一元素的值，根據前述的 a[i] 等於 *(a+i) 觀念，我們可以導出下列關係：

```
ary[i][j] == (ary[i])[j]
          == *(ary+i)[j]
          == *(*(ary+i)+j)
```

這個結果就是程式中存取元素的方法。若想以指標方法表達二維陣列，必須透過兩次 * 運算子的作用；三維指標則需作用三次 * 運算；多維陣列的觀念可依同理衍生。

```
int ary[3][4] = {{1,2,3,4},{5,6,7,8},{9,10,11,12}};
```

也可以定義為另一種表示方式

```
int ary[3][4] = {{1, 2, 3, 4},{5, 6, 7, 8},{9, 10, 11, 12}};
int *ptr[3] = {ary[0], ary[1], ary[2]};
```

如下範例所示：

```
1    /* ch9 ary_ptr4.c */
2    #include <stdio.h>
3    int main()
4    {
5        int ary[3][4] = {{1, 2, 3, 4}, {5, 6, 7, 8},
6                         {9, 10, 11, 12}};
7
8        int *ptr[3] = {ary[0], ary[1], ary[2]};
```

```
9        int i;
10
11       printf("\n");
12       for (i=0; i<3; i++)
13          printf("*ary[%d]=%d, **(ary+%d)=%d\n\n", i, *ary[i], i,
                                      **(ary+i));
14
15       return 0;
16   }
```

輸出如下：

```
*ptr[0]=1, **(ptr+0)=1

*ptr[1]=5, **(ptr+1)=5

*ptr[2]=9, **(ptr+2)=9
```

程式中

```
int *ptr[3]
```

由於 [] 比 * 的運算優先順序來得高，因此 ptr[3] 是一個陣列，此陣列有 3 個元素，每一個元素都是指向 int 的指標，如圖 9-4 所示：

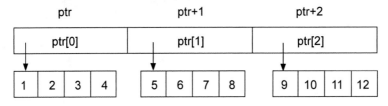

圖 9-3　ary_ptr4.c 示意圖

此時我們可以經由

```
*ptr[0] == **ptr == 1
*ptr[1] == **(ptr+1) == 5
*ptr[2] == **(ptr+2) == 9
```

同理

```
*(ptr[0]+3) == *(*ptr+3) == 4
*(ptr[1]+3) == *(*(ptr+1)+3) == 8
*(ptr[2]+3) == *(*(ptr+2)+3) == 12
```

我們再來看一範例

```
1   /* ch9 two_ptr.c */
2   #include<stdio.h>
3   int main( )
4   {
5       int a[] = {0, 1, 2, 3, 4};
6       int *p[] = {a, a+1, a+2, a+3, a+4};
7       int **pp = p;
8
9       printf("*p[2] = %d\n", *p[2]);
10      printf("**pp = %d\n", **pp);
11      printf("*(*(pp+2)+2) = %d\n", *(*(pp+2)+2));
12      return 0;
13  }
```

輸出如下：

```
*p[2] = 2
**pp = 0
*(*(pp+2)+2) = 4
```

程式中前三個敘述可以圖形表示如下：

int a[] = {0, 1, 2, 3, 4};

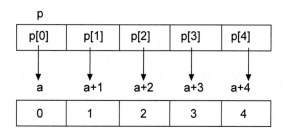

int *p[] = {a, a+1, a+2, a+3, a+4};

int **PP = p;

pp 是指向指標的指標，此敘述的圖形表示如下：

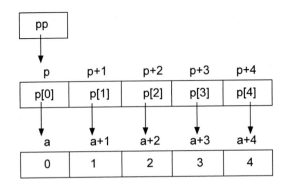

此時我們可從圖形得知，

```
        pp == p;
        *pp == p[0] == a
∴      **pp == *a == 0
```

而

```
        pp+2 == p+2
        *(pp+2) == p[2] == a+2
        *(pp+2)+2 == (a+2)+2 == a+4
∴      *(*(pp+2)+2) == 4
```

9.5　於函式間傳遞陣列

　　還記得前一章最後留下的問題吧！如何把陣列當作參數於函式間傳遞？聰明的你想一想，便可發覺拷貝陣列所有的元素將是一件極不明智的舉動，不僅浪費時間，而且程式也會沒有彈性。比較好的方法則是傳遞與陣列有關的重要資訊，像是陣列的起始位址、陣列元素的型態、或是陣列的大小等等；有了這些資訊，函式內部便能針對原始陣列做出一番處理。

　　底下是一個完整的例子，示範了陣列參數的宣告方式以及陣列與指標的相互關係：

```
1    /* ch9 ary_sym.c */
2    #include <stdio.h>
3    #define SIZE 10
4    void list(int size,int *array);
5    void add_20(int size, int *array);
6    void minus_1(int size, int *array);
7    int sum(int size, int *array);
8
9    int main()
10   {
11       int array[SIZE] = {1, 2, 3, 4, 5, 6, 7, 8, 9, 10};
12
13       printf("\nThe source array : ");
14       list(SIZE, array);
15
16       add_20(SIZE, array);
17       printf("\nAfter adding 20 : ");
18       list(SIZE, array);
19
20       minus_1(SIZE, array);
21       printf("\nThen minus 1 : ");
22       list(SIZE, array);
23
24       printf("\nSum of the elements : %5d \n", sum(SIZE, array));
25       return 0;
26   }
27
28
29   void list(int size, int ary1[])
30   {
31       int i;
32       printf("\n      ");
33       for (i=0; i<size; i++) {
34           printf("%5d", ary1[i]);
35           if (((i+1) % 5) == 0)
36               printf("\n      ");
37       }
38   }
39
40   void add_20(int size, int *ary2)
41   {
42       int i;
43
44       for (i=0; i<size; i++)
45           *(ary2+i) += 20;
46   }
47
48   void minus_1(int size,int *ary3)
```

```
49  {
50      int i;
51
52      for (i=0; i<size; i++)
53          --(*ary3++);
54  }
55
56
57  int sum(int size, int *ary4)
58  {
59      int i, total=0;
60
61      for (i=0; i<size; i++)
62          total += ary4[i];
63      return(total);
64  }
```

程式中有個 array[] 陣列，我們提供了四個函式來處理它：

```
void list(int size, int *array);        /* 列印陣列 */

void add_20(int size, int *array);      /* 把每個元素加 20*/

void minus_1(int size, int *array);     /* 把每個元素減 1*/

int sum(int size, int *array);          /* 計算元素的總和 */
```

從函式原形看來，每個函式都需要兩個參數，最重要的當然是指向 int 的指標變數，這個變數將接受主程式傳來的陣列起始位址；另一個參數 size 則為陣列元素的個數，函式唯一能知道陣列實際大小的條件，就是由外界告知，當然您也可以用一數字表示而免除該項參數，但這麼做畢竟降低了函式的彈性。

呼叫各個函式時，實際參數分別為常數 SIZE 及 array，陣列名稱 array 便是陣列的第一個元素的位址，所以這是以址呼叫的例子，因此原始陣列經過函式作用後，可能會有所改變。

先來看函式 list()：

```
void list(int size, int ary1[])
{
    ....
```

```
    printf("%5d", ary1[i]);
    ....
}
```

形式參數 ary1 採用陣列記號，中括號內部是空的，即使寫上任何數值，也不會有任何作用；這個參數所宣告的意思是 ary1 乃為一個指標變數，它與接下來的函式

```
void add_20(int size, int *ary2)
{
    for (i=0, i<size; int *ary2)
        *(ary2+1) += 20;
}
```

在參數宣告上完全一致，幾乎可以這麼說：int ary[]；與 int *ary；具有相同的涵義；而且不論採用何種方法，函式中都可以用陣列記號或指標觀念來存取任何一個元素。

函式 minus_1 內有條複雜的式子：

```
--(*ary3++);
```

我們先從小括號內部看起：

```
*ary3++;
```

* 和 ++ 擁有相同的優先序，但其關聯性為由右到左，所以確實的結合關係為

```
*(ary3++);
```

換句話說，遞增運算子 ++ 所作用的對象是指標變數 ary3，而非指標 ary3 所指的內容 *ary3。由於遞增運算子採取後繼形式，所以這條敘述的意思是說先取得 ary3 所指的 int 數值，然後用 ++ 運算使 ary3 指向下一個元素；因此經過了 for 迴圈的循環，整個陣列的元素都將完全掃瞄。最後再加上前置形式的遞減運算子 --，可使陣列中每一個元素都減 1。

我們來看看執行結果：

```
The source array :
        1     2     3     4     5
        6     7     8     9    10

After adding 20 :
       21    22    23    24    25
       26    27    28    29    30

Then minus 1 :
       20    21    22    23    24
       25    26    27    28    29

Sum of the elements :    245
```

　　由於採取以址呼叫的方式，所以原始陣列已被破壞，幸好這正是我們的目的。

　　最後提出一點：我們在函式 minus_1() 中之所以可以做出 ary3++ 之類的動作，原因在於 ary3 是個指標「變數」；至於主程式中的陣列 array[] 就不能出現下列式子：

```
array++;        /* 錯誤 */
array--;        /* 錯誤 */
```

　　理由很簡單，陣列的名稱乃該陣列第一個元素的位址，它是個指標「常數」啊！

　　二維陣列作為參數傳遞時，也是利用位址傳遞的觀念。譬如有個函式呼叫：

```
int ary[2][4];
call(ary);
```

函式 call() 可宣告為

```
void call(int a[][4]);
```

或者是

```
void call(int (*a)[4]);
```

不論如何，中括號的數值 4 絕對不能遺漏，就如同討論二維陣列初始化規則時所做的解釋，系統必須根據第二對中括號內的數值，來判定陣列的確實結構。同理可推得多維陣列的參數宣告。總而言之，只有最左邊那一對中括號允許是空的，或是將其轉換為指標；其餘的維數都必須明確標示出來。

由於運算子優先順序的影響，若採用指標形式的宣告方式，有必要借助小括號的幫忙：

```
int (*a)[4];
```

它代表有個指標變數 a，它指向含有 4 個 int 元素的陣列，這正是我們所要的意義。如果省略小括號，再加上 [] 的優先序高於 *，所以結果會是

```
int *(a[4]);
```

這個宣告的意思卻成為存在一個含有 4 個元素的陣列，而每個元素都是指向 int 的指標，也就是總共會有 4 個指標，這並非我們想要的結果。參閱下圖就清楚多了：

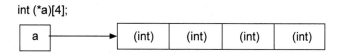

而 int *a[4]；或是 int *(a[4]) 其圖形如下：

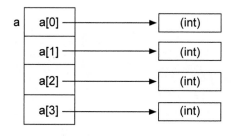

有關上述這兩個敘述的差異，請參閱上機練習第 4 題。

9.6　應用範例：選擇排序法

了解了陣列與指標的觀念，並知道如何交換兩數值，也清楚怎樣讓陣列於函式間傳遞。本節將介紹另外一種排序法：選擇排序法 (Selection Sort)。我們在程式設計技巧上將採取模組化的觀念：

取得原始數值串列

印出數值內容

選擇排序法

印出排序後結果

除了選擇排序法外，其餘模組都相當單純，其中第二與第四個甚至可以採同一個函式來實作。

選擇排序法的觀念非常簡單，首先找出串列中最小的元素，然後把它放到一個位置 (也就是和第一個元素互換)；接著就其他剩餘的元素，再找出最小的與第二個元素互換；這種過程一直持續到剩下一個元素為止。很直覺地，這大概又是巢狀 for 迴圈的應用時機。

先把程式列出來：

```
1    /* ch9 sel_sort.c */
2    #include <stdio.h>
3    #include <time.h>
4    #define N 20
5
6    void list(int *array);
7    void swap(int *, int *);
8    void selection_sort(int *array);
9
10   int main()
11   {
12       int i,array[N];
13       srand(time(NULL));
14       for (i=0; i<N; i++)
15           array[i] = rand() % 50 +1;
16
```

```
17      printf("\nSource array ...\n");
18      list(array);
19
20      selection_sort(array);
21      printf("\nSorting ...\n");
22      list(array);
23      return 0;
24  }
25
26  void list(int *array)
27  {
28      int i;
29
30      for (i=0; i<N; i++) {
31          printf("%8d", array[i]);
32          if (((i+1) % 5) == 0)
33              printf("\n");
34      }
35      printf("\n");
36  }
37
38  void swap(int *i, int *j)
39  {
40      int temp;
41
42      temp = *i;
43      *i = *j;
44      *j = temp;
45  }
46
47
48  void selection_sort(int *array)
49  {
50      int i,cmp,min;
51
52      for (i=0; i<N; i++) {
53          for (cmp=min=i; cmp<N; cmp++)
54              if (array[cmp] < array[min])
55                  min = cmp;
56          swap(&array[min], &array[i]);
57      }
58  }
```

重點自然是函式 selection_sort( )：

```
void selection_sort(int *array)
{
    int i,cmp,min;

    for (i=0; i<N; i++) {
        for (cmp=min=i; cmp<N; cmp++)
            if (array[cmp] < array[min])
                min = cmp;
        swap(&array[min], &array[i]);
    }
}
```

外層迴圈表示目前該填入適當數值的陣列位置，這個位置將從 0 增加到 (N-1) 為止；內層 for 迴圈則負責找出剩餘陣列中的最小元素，然後拿它與目前位置的元素交換（目前位置所指的即為註標 i 的位置）。

一開始我們便假設目前位置的元素是最小的，當後面的元素比它還小時，我們並非立刻與之交換，而且利用另一個變數 min 暫時把目前最小元素的註標值記錄下來，往後的比較對象都變成 array[min]，其實我們在 for 迴圈開始時便把 i 設定給 min。等到內層迴圈完全循環並確定最小元素的位置後，才真正拿它與 array[i] 互換；這種技巧將可節省很多不必要的交換動作。

照例還是來看看執行情形：

```
Source array ...
      42        68        35         1        70
      25        79        59        63        65
       6        46        82        28        62
      92        96        43        28        37

Sorting ...
       1         6        25        28        28
      35        37        42        43        46
      59        62        63        65        68
      70        79        82        92        96
```

9.7　摘要

　　指標是 C 語言裡一項重要的特色，一般初學者看到指標都很畏懼，但經過本章詳細的說明，您應該對指標有了進一步的了解。指標是種強而有力的工具，在資料結構和演算法經常用到指標，而且 C 函式庫中的函式也有很多是透過指標加以宣告；指標是如此地重要，若您仍然有些迷糊，最好將本章多讀幾遍，並儘量實際上機實習。

　　指標與陣列的關係是本章特別強調的重點，這也是比較容易產生混淆的地方。

9.8   上機練習

1.

```
1   //p9-1.c
2   #include <stdio.h>
3   int main()
4   {
5       int num = 168;
6       int *ptr_num = &num;
7       printf("num = %d &num = %p\n", num, &num);
8       printf("*ptr_num = %d ptr_num = %p &ptr_num = %p\n",
9       *ptr_num, ptr_num, &ptr_num);
10      *ptr_num =158;
11      printf("num = %d *ptr_num = %d\n", num, *ptr_num);
12
13      return 0;
14  }
```

2.

```
1   //p9-2.c
2   #include <stdio.h>
3   int main()
4   {
5       int a[] = {11, 22, 33, 44, 55};
6       int *ptr = a;
7       printf("ptr[0] = %d\n", ptr[0]);
8       printf("ptr[-1] = %d\n", ptr[-1]); /* output garbage value
*/
9       printf("ptr[1] = %d\n\n", ptr[1]);
10
11      ptr = a + 1;
12      printf("ptr[0] = %d\n", ptr[0]);
13      printf("ptr[-1] = %d\n", ptr[-1]);
14      printf("ptr[1] = %d\n", ptr[1]);
15
16      return 0;
17  }
```

3.

```
1   //p9-3.c
2   #include <stdio.h>
3   int main( )
4   {
5       int a[] = {10, 11, 12, 13, 14};
6       int *p[] = {a+1, a, a+2, a+4, a+3};
7       int **pp = p;
8       printf("*p[2] = %d\n", *p[2]);
9       printf("**pp = %d\n", **pp);
10      printf("*(*(pp+2)+2) = %d\n", *(*(pp+2)+2));
11
12      return 0;
13  }
```

4.

```
1   //p9-4.c
2   #include <stdio.h>
3   int main() {
4
5       int a[][3] = {{1, 2, 3}, {4, 5, 6}};
6       int (*p)[3] = a;
7       int b[] = {100, 200, 300};
8       int *q[3] = {b, b+1, b+2};
9
10      printf("p = %p\n", p);
11      printf("p[0] = %p\n", p[0]);
12      printf("*p = %p\n", *p);
13      printf("a = %p\n", a);
14      printf("*a = %p\n", *a);
15      printf("&a[0][0] = %p\n\n", &a[0][0]);
16
17      printf("p[0][0] = %d\n", p[0][0]);
18      printf("p[0][2] = %d\n", p[0][2]);
19      printf("*p[0] = %d\n", *p[0]);
20      printf("(*p)[0] = %d\n", (*p)[0]);
21      p++;
22      printf("*p[0] = %d\n\n", *p[0]);
23
24      printf("**q = %d\n", **q);
25      printf("*q[1] = %d\n", *q[1]);
26      return 0;
27  }
```

9.9　除錯題

1.

```
1   //d9-1.c
2   #include <stdio.h>
3   int main()
4   {
5       int num = 30;
6       int *ptr;
7       ptr = num;
8       printf("num 的內容為 %d\n", num);
9       printf(" 透過 ptr 去取得 num 的值為 %d\n", ptr);
10
11      return 0;
12  }
```

2.

```
1   //d9-2.c
2   #include <stdio.h>
3   int main()
4   {
5       int num = 30;
6       int *ptr = num;
7       printf("num 的值為 %d\n", num);
8       printf(" 透過 ptr 指標對 num 加上 20\n");
9       ptr += 20;
10      printf("num 的值為 %d\n", num);
11
12      return 0;
13  }
```

3.

```
1   //d9-3.c
2   #include <stdio.h>
3   int main()
4   {
5       int arr[5] = {1, 3, 5, 7, 9};
6       int arrLen = 5;
7       int *ptr = arr;
8       int i;
9       printf(" 原來陣列 : ");
10      for (i=0; i<arrLen; i++)
11          printf("%d ", *ptr + i);
```

```
12          printf("\n");
13
14          printf(" 將所有陣列元素乘以 10 後 : ");
15          for (i=0; i<arrLen; i++) {
16              *ptr + i *= 10;
17              printf("%d ", *ptr + i);
18          }
19          printf("\n");
20
21          return 0;
22  }
```

4.

```
1   //d9-4.c
2   #include <stdio.h>
3   void swap(int, int);
4
5   int main()
6   {
7       int a = 158, b = 168;
8       printf("a=%d, b=%d\n", a, b);
9       printf(" 調換 a 變數和 b 變數的內容後 ...\n");
10      swap(a, b);
11      printf("a=%d, b=%d\n", a, b);
12
13      return 0;
14  }
15
16  void swap(int a, int b)
17  {
18      int temp = a;
19      a = b;
20      b = temp;
21  }
```

5.

```
1   //d9-5.c
2   #include <stdio.h>
3   int sum(int, int);
4   int main()
5   {
6       int arr[5] = {100, 110, 120, 130, 140};
7       int max = 5;
8       printf(" 陣列的總和為 %d\n", sum(arr, max));
9
10      return 0;
```

```
11  }
12
13  int sum(int arr, int max)
14  {
15      int total;
16      int i;
17      for (i=0; i<max; i++)
18          total += arr[i];
19      return total;
20  }
```

6.

```
1   //d9-6.c
2   #include <stdio.h>
3   int sum(int *[], int, int);
4   int main()
5   {
6       int arr[2][3] = {{10, 20, 30}, {40, 50, 60}};
7       int row = 2, col = 3;
8       printf(" 將二維陣列 arr 加總後為 : %d\n", sum(arr, row, col));
9
10      return 0;
11  }
12
13  int sum(int *arr[], int row, int col)
14  {
15      int i, j, total = 0;
16      for (i=0; i<row; i++)
17          for (j=0; j<col; j++)
18              total += arr[i][j];
19      return total;
20  }
```

9.10　程式實作

1.　將第 8 章的應用範例 (一)，插入排序改以指標的方式撰寫之，我們可以將欲排序陣列送到 insert_sort() 的函式，此函式的任務與本章的選擇排序 selection_sort() 函式類似。

2.　撰寫一程式，將一 3*3 的陣列送到 add() 函式，此 add() 函式乃是將每一元素皆加 1，之後從主程式中印出原先的陣列和加 1 後的陣列。

NOTE ::::::

10

字　串

　　程式的作用除了處理大量資料的運算外，還有就是與人類溝通；溝通的工具必須為人們所接受。依現今電腦能力而言，螢幕顯示或報表列印應該是最普遍的溝通媒介，所以文字 (text) 資料的表達便顯得非常重要。到目前為止，我們學到的資料型態幾乎都是數值，設計的程式也欠缺了那麼一點親和力，本章的主題－字串 (string)－將彌補這方面的缺憾，我們將告訴您文字性質的資料究竟應該如何處理。

10.1 宣告與初始化方式

多數語言中均提供有特殊的字串型別 (string type)，字串的設定與操作都有正常的運算子來處理；但在 C 語言裡，字串並非真正的資料型態，它僅僅是基本型態的某種變形。

字串 (string) 可說是「字元串列」(character list)，亦即由字元 (char) 組成的一連串資料；C 語言的字串其實就是 char 陣列：

```
char string[100];
char *string;
```

上述宣告都能用來宣告字串，只不過其中一個是陣列記號，而另一個為指標變數。由於字串為陣列的特例，所以陣列的基本性質都能運用於字串，譬如初始化方式、字串傳遞以及字串指標的運算等等。

字串是個陣列並沒有錯，但仍然不夠完整。我們在判定陣列大小時，一般都以宣告時元素的個數為基準；但字串卻非如此，它必須有種方法或是有個特殊記號來指示字串的結尾。C 語言的字串採用空字元 (null character) 作為字串結束的符號，空字元乃為 ASCII 碼等於 0 的字元，通常表示成 '\0'。

現在我們就為字串下個明確的定義：字串乃為由空字元 '\0' 結尾的 char 陣列。譬如若想表示字串 "Thank you"：

T	h	a	n	k		y	o	u			

雖然實際只有 9 個字元，但這樣並不夠，因為系統根本不知道何時該停止這個字元陣列；所以必須要有個空字元 ('\0') 才算完全：

T	h	a	n	k		y	o	u	\0		

底下就來看一些字串宣告與運作情形：

```
1    /* ch10 string.c */
2    #include <stdio.h>
3    int main()
4    {
5        char msg1[10] = {'s','t','r','i','n','g','\0'};
6        char msg2[]    = "Null array size";
7        char *msg3     = "Pointer view";
8        char msg4[80];
9        printf("    msg1 : %s\n", msg1);
10       printf("    msg2 : %s\n", msg2);
11       printf("    msg3 : %s\n", msg3);
12
13       /* string pointer assignment */
14       msg3 = msg2;
15       printf("\n    Now msg3 : %s\n", msg3);
16       printf("\n\n Enter a string : ");
17       fgets(msg4, 80, stdin);
18       printf("    msg4 : %s\n", msg4);
19       return 0;
20   }
```

我們以初始化技巧宣告了三個字串 msg1、msg2、msg3，而 msg4[] 則預先為字串留置 80 個字元的空間。

首先以字元串列的初始化方式來宣告字串 msg1[]：

```
char msg1[10] = {'s', 't', 'r', 'i', 'n', 'g', '\0'};
```

雖然宣告 msg1[] 擁有 10 個 char 空間，但實際上僅給予 7 個初始值；還記得吧，不足的部分將由系統自行清除為 0。雖然有著這種特性，但最後的空字元 '\0' 最好還是寫出來，以便明確表示出這是一個字串，而非普通的字元陣列。

接下來的兩個字串指標均透過字串常數來設定：

```
char msg2[] = "Null array size";
char *msg3 = "Pointer view";
```

　　C 語言的字串 " 常數 " 乃透過雙引號加以辨識，或許您會感到奇怪，字串常數中並沒有空字元啊！事實上，當系統看到由雙引號圍起的字串常數時，除了計算實際的字元外，最後還會自行加上一個結尾的空字元；就拿 msg2[] 來說，它應該要宣告成

```
char msg2[16] = "Null array size";
```

　　原本僅有 15 個字元 (當然包括空格)，但是為了結尾的空字元，它必須額外增加一個空間：

msg2[16]

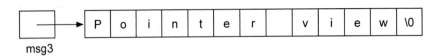

　　指標變數 msg3 僅是個指標，它無法擁有多個字元的空間，但系統在看到字串常數時，將自行為該常數配置適當的空間，然後把這塊記憶體的第一個位元組位址回傳，所以會有下面的結果：

```
┌──┐   ┌─┬─┬─┬─┬─┬─┬─┬─┬─┬─┬──┐
│  │──▶│P│o│i│n│t│e│r│ │v│i│e│w│\0│
└──┘   └─┴─┴─┴─┴─┴─┴─┴─┴─┴─┴──┘
msg3
```

　　特別注意到 msg3 與其他字串的不同，msg3 是個指標變數，意味著它還能指向其他地方，程式中就有下面這一條敘述：

```
msg3 = msg2;
```

　　也就是讓 msg3 重新指向 msg2[] 陣列的開頭，於是 msg3 就變成字串 "Null array size" 了：

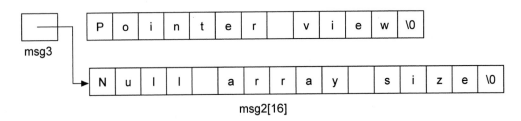

msg2[16]

　　除非我們事先把 msg3 的指標值記錄下來，否則 "Pointer view" 這個常數所佔用的空間就再也找不到了，如此將造成記憶體的浪費。

　　注意到：只有 msg3 能夠重新指向其他地方；msg1 與 msg2 都不允許，因爲它們均爲指標常數。我們還是先來看看程式的執行結果：

```
msg1 : string
msg2 : Null array size
msg3 : Pointer view

Now msg3 : Null array size


Enter a string : God bless you.
msg4 : God
```

　　字串 msg3 果然能夠指向 msg2 的所在。程式最後還宣告了一個字元陣列 msg4[]：

```
char msg4[80];
```

　　並且用函式 fgets() 爲其讀取字串資料：

```
fgets(msg4, 80, stdin);
```

　　此函式的第 3 個參數 stdin，表示從標準的輸入設備鍵盤輸入資料；第 2 個參數 80，表示你輸入的資料最多爲 79 個字元，因爲有一個空字元要存放；然後將輸入資料存放於第 1 個參數 msg4 陣列變數中。

　　當我們以陣列 msg4[] 做參數來呼叫 fgets() 時，必須事先配置足夠的空間給 msg4[]。譬如本例中 msg4[] 僅允許容納 80 個字元，所以我們實際鍵入的字元資料最多不能超過 79 個，因爲起碼要留下一個空間給結尾的空字元 ('\0')；系統並不會檢查程式配置的空間是否足夠，所以自己要特別小心。

　　函式 fgets() 與 scanf() 的不同之處在於 fgets() 可以讀取完整的字串，包括空格也能順利讀入；至於 scanf() 的 %s 規格僅能讀取「單字」，也就是說：該字串中不能含有空格、跳位或是換行等字元。

字串的輸出可利用 puts() 函數完成之。puts 會連帶將跳行輸出。

```
1    /* ch10 puts.c */
2    #include <stdio.h>
3    int main()
4    {
5        char lastname[20];
6        char firstname[20];
7
8        printf("please input your first name: ");
9        scanf("%s", firstname);
10       printf("please input your last name: ");
11       scanf("%s", lastname);
12       puts("\nYour name is: ");
13
14       printf("%s ", firstname);
15       printf("%s\n", lastname);
16       return 0;
17   }
```

輸出結果如下：

```
please input your first name: Bright
please input your last name: Tsai

Your name is:
Bright Tsai
```

10.2　字串的長度

當我們宣告一個字串時：

```
char str[20] = {'s', 't', 'r', 'i', 'n', 'g', '\0'};
```

那麼這個字串的長度為多少？究竟是陣列的大小 20，還是實際有意義字元數目 6，又或者還要加上結尾的空字元呢？

C 函式庫中有 strlen() 函式，它回傳字串的長度，此函式定義於 string.h 標頭檔中，本章要介紹的字串函式都定義於這個檔案內，而且函式名稱均以 str 開頭。

函式 strlen() 的原型是

size_t strlen(const char *);

有關參數與回傳值的意義待會兒再解釋，我們先要了解函式 strlen() 的實際作用。根據 strlen() 的作法，前面所說的字串長度在定義上似乎都不甚正確；事實上，當 strlen() 接收到字串參數時，它會從該參數所指的位址開始，一直到遇到空字元為止，計算其間共有多少字元，這個值就是字串的長度，特別注意到：結尾的空字元並沒有包含於其中。

您可以拿下列的圖例做一比較：

	1	2	3	4	5	6	7	8	9	10	11	12	13	
str1[]	S	t	r	i	n	g		L	e	n	g	t	h	\0	

strlen(str1) == 13

	1	2	3	4	5	6	7	8	9	10	11	12	13
str2[]	S	t	r	i	n	g	\0	L	e	n	g	t	h	\0

								1	2	3	4	5
str3[]	S	t	r	i	n	g	\0	L	e	n	g	t	h	\0

strlen(str3 + 8) == 5

　　字串的長度完全要視字串指標的初始位置以及空字元的位置而決定。觀念上相當簡單，我們是否有能力自己設計這麼一個函式呢？底下是小小的嘗試：

```
1    /* ch10 str_len.c */
2    #include <stdio.h>
3    size_t my_strlen(const char *str)
4    {
5        size_t count;
6        for (count = 0; *str != '\0'; str++, count++)
7            ;
8        return(count);
9    }
10
11   /******************************************************/
12   int main()
13   {
14       char msg1[10] = {'s','t','r','i','n','g','\0'};
15       char msg2[]    = "Null array size";
16       char *msg3     = "Pointer view";
17       char msg4[80];
18
19       printf("\n Length of String <%s> is %u\n",
20           msg1, my_strlen(msg1));
21       printf("\n Length of String <%s> is %u\n",
22           msg2, my_strlen(msg2));
23       printf("\n Length of String <%s> is %u\n",
24           msg3, my_strlen(msg3));
25
26       printf("\n\n Enter a string: ");
27       scanf("%s", msg4);
28       printf("\n Length of String <%s> is %u \n",
29                   msg4, my_strlen(msg4));
30       //verify
31       printf("\n\n Using strlen()");
32       printf("\n Length of String <%s> is %u\n",
33           msg1, strlen(msg1));
34       printf("\n Length of String <%s> is %u\n",
35           msg2, strlen(msg2));
36       printf("\n Length of String <%s> is %u\n",
37           msg3, strlen(msg3));
38       printf("\n Length of String <%s> is %u\n",
39           msg4, strlen(msg4));
40       return 0;
41   }
```

我們自行提供了 my_strlen() 版本：

```
size_t my_strlen(const char *str)
{
    size_t count;
    for (count = 0; *str != '\0'; str++, count++)
        ;
    return count;
}
```

首先是型態 size_t，它是系統中預先設定的型態，實際上的意思是 unsigned int，所以這裡把 size_t 改成 unsigned int 也可以；由於字串長度不可能出現負值，因此採用無號整數將能擴展數值表的範圍。

接下來是參數宣告：

```
(const char *str)
```

const 為關鍵字，它的意思是說：str 所指的資料都是常數 (constant)，在函式中不可任意更改，否則系統便會發出錯誤訊息；my_strlen() 的目的是在計算字串的長度，並不想改變字串的內容，所以使用 const 關鍵字加以保護。特別注意到：不可變動的是字串資料，而非字串指標 str，程式中仍然可以對 str 做出任何運算；順帶提出，如果想使 str 指標固定不動，但字串資料可變動，則要寫成：

```
(char *const str)
```

若寫成

```
(const char *const str)
```

如此一來，字串指標以及字串內容都將保持定值了。

函式一開始的時候，str 便指向特定的位置 (它乃由實際參數所提供)，所以初始化步驟沒有牽涉到它；至於變數 count 則用來記錄目前已經計算多少個字元，最後把該值回傳，便是字串的長度。

函式中使用 for 迴圈來實作：

```
for (count = 0; *str ! = '\0'; str++, count++)
    ;
```

當 str 尚未遇到空字元時，迴圈將循環下去。注意到：for 迴圈中僅執行一條空敘述；迴圈每循環一次，就會把 str 指向下一個字元，同時將 count 值加 1。根據程式的寫法，可以看出最後回傳的字串長度，並沒有把空字元計算在內，這正是我們的要求。

程式中還用了幾個字串來測試自己定義的字串長度與系統提供的 strlen() 函式，底下是執行結果：

```
Length of String <string> is 6

Length of String <Null array size> is 15

Length of String <Pointer view> is 12


Enter a string: Pineapple

Length of String <Pineapple> is 9


Using strlen()
Length of String <string> is 6

Length of String <Null array size> is 15

Length of String <Pointer view> is 12

Length of String <Pineapple> is 9
```

10.3　字串拷貝、連結與複製

　　C 語言的字串並非獨立的型態，所以沒有特殊的運算子來執行字串操作；但 C 語言裡仍然能夠把字串處理得很好，這完全導因於 C 函式庫提供了大量的字串操作函式，這些函式均位於 string.h 標頭檔中。

　　本節將介紹三種重要的字串操作，包括字串的拷貝、連結以及複製；這些操作均涉及兩個字串，我們依作用的關係把這兩個字串分別稱為來源字串 (Source String) 與目的字串 (Destination String)，這不過是稱呼上的方便，並沒有實質上的意義。

10.3.1　字串拷貝

　　假若有底下的宣告：

```
char str1[80];
char *str2;
```

　　而我們做出下列運算：

```
str2 = str1;
```

　　這個動作不過是指標的設定，並非本小節所謂的拷貝 (copy)，經由指標設定的結果，仍然僅有一份字串的內容；至於字串拷貝的目的，則是想要形成另外一個完整字串，這句話隱含著總共存在兩個 char 陣列。

　　函式 strcpy() 可將一字串的內容拷貝到另一個字串，原型如下：

char *strcpy(char *dest, const char *source);

　　字串 source 的內容將複製一份給 dest。特別注意到：字串 dest 本身必須事先擁有足夠的空間；如果 dest 的空間比 source 的長度還少時，將對程式造成嚴重的傷害。

由於原始字串 source 的內容不需更動,所以前面加上 const 關鍵字;至於目的字串 dest 則是字元拷貝前往的對象,原本的內容將被破壞,所以不能出現 const。

函式 strcpy() 將從 source 所指向的字元開始拷貝,直到遇見空字元為止;函式完成後,將回傳目的字串的指標 dest,亦即拷貝完成的字串。

底下是簡單的範例:

```
1   /* ch10 strcpy.c */
2   #include <stdio.h>
3   #include <string.h>
4   int main()
5   {
6       char msg[] = "Learning C now!";
7       char dest[30] = "C is fun";
8
9       printf("  Source string : <%s>\n", msg);
10      printf("    Dest string : <%s>\n", dest);
11
12      strcpy(dest, msg);
13      printf("\nString coping...\n");
14      printf("  Source string : <%s>\n", msg);
15      printf("    Dest string : <%s>\n", dest);
16
17      return 0;
18  }
```

特別注意陣列 dest[] 擁有明確的空間:

dest[30]

| g | a | r | b | a | g | e | \0 | ... | | | | |

輸出如下:

```
  Source string : <Learning C now!>
    Dest string : <C is fun>

String coping...
  Source string : <Learning C now!>
    Dest string : <Learning C now!>
```

經過函式 strcpy() 的運作：

```
strcpy(dest, msg);
```

陣列 dest 的內容將變成：

dest[30]

S	t	r	i	n	g		c	o	p	y	\0	…

至於字串 msg 仍然維持不變。另外還有一個函式 strncpy()：

char *strncpy(char *dest, const char *source, size_t n);

該函式僅會拷貝來源字串的前 n 個字元，如以下範例：

```
1   /* ch10 strncpy.c */
2   #include <stdio.h>
3   #include <string.h>
4   int main()
5   {
6       char msg[] = "Learning C now!";
7       char dest[30] = "C is fun";
8       printf("  Source string : <%s>\n", msg);
9       printf("    Dest string : <%s>\n", dest);
10
11      strncpy(dest, msg, 9);
12      printf("\nString coping...\n");
13      printf("  Source string : <%s>\n", msg);
14      printf("    Dest string : <%s>\n", dest);
15      return 0;
16  }
```

輸出如下：

```
  Source string : <Learning C now!>
    Dest string : <C is fun>

String coping...
  Source string : <Learning C now!>
    Dest string : <Learning >
```

10.3.2　字串連結

連結的意思是把兩個字串結合在一起而形成單一字串，譬如原來就有兩個字串：

```
char str1[80] = "abc";
char str2[5] = "ABC";
```

我們希望將 str2 連結於 str1 後面，而使 str1 變成較長的字串：

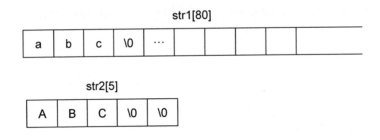

連結後的結果爲

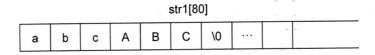

原本存在 str1[] 中的空字元已被 str2[] 的字元取代。連結的動作可透過函式 strcat() 來完成，函式原型如下：

char *strcat(char *dest, const char *source);

同樣地，來源字串仍以 const 關鍵字加以保護，而目的字串將遭破壞；函式最後會回傳目的字串的指標，亦即 dest。

函式 strcat() 的使用範例如下：

```
1   /* ch10 strcat.c */
2   #include <stdio.h>
3   #include <string.h>
4   int main()
5   {
6       char *msg = "Learning C now!";
7       char dest[30] = "C is fun ";
```

```
8       printf("  Source string : <%s>\n", msg);
9       printf("    Dest string : <%s>\n", dest);
10
11      strcat(dest, msg);
12      printf("\nString concatenation...\n");
13      printf("  Source string : <%s>\n", msg);
14      printf("    Dest string : <%s>\n", dest);
15      return 0;
16 }
```

執行的結果是這樣的：

```
  Source string : <Learning C now!>
    Dest string : <C is fun >

String concatenation...
  Source string : <Learning C now!>
    Dest string : <C is fun Learning C now!>
```

使用 strcat() 的時候，必須確定目的字串 dest 擁有足夠的空間，而能容納來源與目的字串連接而成的結果。

函式庫中同樣也有另一個相關函式 strncat()，其原型如下：

char *strncat(char *dest, const char *source, size_t n);

該函式僅會把來源字串的前 n 個字元連接於目的字串後面。如下列範例所示：

```
1   /* ch10 strncat.c */
2   #include <stdio.h>
3   #include <string.h>
4   int main()
5   {
6       char *msg = "Learning C now!";
7       char dest[30] = "C is fun ";
8       printf("  Source string : <%s>\n", msg);
9       printf("    Dest string : <%s>\n", dest);
10
11      strncat(dest,msg,6);
12      printf("\nString concating...\n");
13      printf("  Source string : <%s>\n", msg);
14      printf("    Dest string : <%s>\n", dest);
15      return 0;
16 }
```

執行的結果是這樣的：

```
    Source string : <Learning C now!>
      Dest string : <C is fun >

String concating...
    Source string : <Learning C now!>
      Dest string : <C is fun Learni>
```

10.3.3　字串複製

前面兩小節中，目的字串的空間都必須預先配置，如果發生空間不足問題，將造成程式嚴重受損。但在某些時候，我們根本無法估計目的字串應該佔用多少記憶體，若是設定大一點的數值，恐怕又造成空間上的浪費。

C 函式庫中有個 strdup() 函式，它能機動性地要求記憶空間，並把來源字串拷貝一份，這種動作相當於字串的複製。

函式 strdup() 的原型如下：

char *strdup(const char *str);

該函式將依據字串 str 的長度而配置適當的空間 (包括結尾的空字元)，並將 str 的內容一一拷貝，最後回傳該區第一個位元組的位址，這便是一個全新的字串。

底下有個使用範例：

```
1   /* ch10 strdup.c */
2   #include <stdio.h>
3   #include <string.h>
4   int main()
5   {
6       char *msg1 = "String duplicate";
7       char *msg2 = "Allocate space";
8       char *dest;
9
10      printf("  Source string : <%s>\n", msg1);
11      dest = strdup(msg1);
12      printf("    Dest string : <%s> at %p\n", dest, dest);
```

```
13      printf("\n");
14
15      printf("  Source string : <%s>\n", msg2);
16      dest = strdup(msg2);
17      printf("    Dest string : <%s> at %p\n", dest, dest);
18      return 0;
19  }
```

程式中原本僅有兩個字串 msg1 與 msg2，另外還有一個指標變數 dest，它僅是一個指標，並沒有為字元配置任何空間。程式中共使用兩次 strdup() 函式：

```
dest = strdup(msg1);

dest = strdup(msg2);
```

這與單純的設定大不相同：

```
dest = msg1 ;

dest = msg2 ;
```

我們來看看結果便可知道：

```
  Source string: <String duplicate>
    Dest string: <String duplicate> at 00430160

  Source string: <Allocate space>
    Dest string: <Allocate space> at 00430120
```

兩次回傳的位址完全不同，且這兩個值並非 msg1 和 msg2 的起始位址，而是 strdup() 額外向系統要求的空間；所以到了這個時候，記憶體內應該存在四個字串。有興趣的讀者可以自行印出 msg1 和 msg2 所在的位址。

10.4　字串的比較

當兩個字串擁有同樣的內容，我們可以說它們是相等的；但若要問兩個不同的字串孰大孰小，那就需要一套共同的準則來判定了。

C 語言中，字串的比較乃是基於 ASCII 值，並依循習慣上所謂的「字典排列順序」作爲字串的比較規則；如果某個字串的出現應該比另一個字串早，我們就說前者小於後者，底下就列出幾種情況：

```
"abcd" 等於 "abcd"
"abcd" 小於 "abcz"
"abc" 小於 "abcde"
"xyz" 大於 "ijk"
```

在 ASCII 值序列上，大寫字母出現於小寫字母之前，因此所有的大寫字串都會小於所有小寫字串：

```
"ABC" 小於 "abc"
"XYZ" 小於 "abc"
```

C 有提供專爲字串比較使用的函式，類似的函式有很多，其中最基本的便是 strcmp()，它的原型宣告如下：

int strcmp(const char *str1, const char *str2);

函式 strcmp() 將比較 str1 和 str2 這兩個字串，回傳值爲 int 型態，依照 C 語言的定義，如果 str1 依字典順序是排列於 str2 之前，那麼回傳值爲 -1；如果 str1 位於 str2 之後，則回傳 1；唯有當兩個字元完全吻合時，才會回傳 0 值。有關回傳值則視不同的編譯程式而有所差別，如 Dev-C++ 會回傳兩個字元之 ASCII 相減的值。

底下有個測試範例：

```
1   /* ch10 strcmp.c */
2   #include <stdio.h>
3   #include <stdlib.h>
4   #include <string.h>
5   void test (char *, char *);
6
7   int main()
8   {
9    char *msg1 = "ABCDEFG";
10   char *msg2 = "abcdefg";
11   char *msg3 = "abcd";
12       char *msg4 = "^[]?";
13
14       test(msg1, msg1);
15       test(msg1, msg2);
16       test(msg2, msg3);
17       test(msg1, msg4);
18       test(msg2, msg4);
19       return 0;
20  }
21  void test(char *buf1, char *buf2)
22   {
23       int result;
24       printf("\nCompare <%s> and <%s>, using stricmp\n", buf1,buf2);
25       result = stricmp(buf1, buf2);
26       if (result == 0)
27           printf("<%s> equal to <%s>, return value is %d\n",
                        buf1, buf2, result);
28       if (result < 0)
29           printf("<%s> less than <%s>, return value is %d\n",
                        buf1, buf2, result);
30       if (result > 0)
31           printf("<%s> greater than <%s>, return value is %d\n",
                        buf1, buf2, result);
32   }
```

我們不僅測試一般的英文字母，同時也拿一些符號來做比較，輸出如下：

```
Compare <ABCDEFG> and <ABCDEFG>
<ABCDEFG> equal to <ABCDEFG>, return value is 0

Compare <ABCDEFG> and <abcdefg>
<ABCDEFG> less than <abcdefg>, return value is -1
Compare <abcdefg> and <abcd>
<abcdefg> greater than <abcd>, return value is 1
```

```
Compare <ABCDEFG> and <^[]?>
<ABCDEFG> less than <^[]?>, return value is -1

Compare <abcdefg> and <^[]?>
<abcdefg> greater than <^[]?>, return value is 1
```

函式 strcmp() 會區分大小寫字母，所以大寫字串與小寫字串不會相同；唯有當兩個字串完全相同時才會回傳 0 值，其餘的回傳值可根據 1 或 -1 來判定兩字串間的關係。

大寫字母與小寫字母之間還有許多特殊字元，包括範例中的 '^', '[', ']', '?' …等等；由於單一字元的比較是根據 ASCII 值，所以才會有最後兩個的輸出結果。

當然也可以只比較字串的前 n 個字元，strncmp 函數便可達到此功能。其語法如下：

int strncmp(const char *str1, const char *str2, size_t n);

其範例如下：

```
1   /* ch10 strncmp.c */
2   #include <stdio.h>
3   #include <string.h>
4   int main()
5   {
6       char *str1="Porsche Cayenne";
7       char *str2="Porsche Cayenne Turbo";
8       int result;
9
10      result=strcmp(str1, str2);
11      printf("strncmp(%s, %s) = %d\n", str1, str2, result);
12
13      result=strncmp(str1, str2, 15);
14      printf("strncmp(%s, %s) = %d\n", str1, str2, result);
15      return 0;
16  }
```

其輸出結果如下：

```
strncmp(Porsche Cayenne, Porsche Cayenne Turbo) = -1
strncmp(Porsche Cayenne, Porsche Cayenne Turbo) = 0
```

　　另外還有一個函式 stricmp() 可不分大小寫的區別來比較兩字串，在 stricmp() 比較下，字串 "abc" 與 "ABC" 將被視為相同。我們用 stricmp() 來看看前例中的各個測試：

```
1   /* ch10 stricmp.c */
2   #include <stdio.h>
3   #include <string.h>
4   void test (char *, char *);
5
6   int main()
7   {
8       char *msg1 = "ABCDEFG";
9       char *msg2 = "abcdefg";
10      char *msg3 = "Apple";
11
12      test(msg1, msg1);
13      test(msg1, msg2);
14      test(msg1, msg3);
15      return 0;
16  }
17
18
19  void test(char *buf1, char *buf2)
20  {
21      int result;
22      printf("\nCompare <%s> and <%s>, using stricmp\n", buf1, buf2);
23      result = stricmp(buf1, buf2);
24      if (result == 0)
25        printf("<%s> equal to <%s>, return value is %d\n",
26             buf1, buf2, result);
27      if (result < 0)
28        printf("<%s> less than <%s>, return value is %d\n",
29             buf1, buf2, result);
30      if (result > 0)
31        printf("<%s> greater than <%s>, return value is %d\n",
32             buf1, buf2, result);
33  }
```

這一次的輸出將變成：

```
Compare <ABCDEFG> and <ABCDEFG>, using stricmp
<ABCDEFG> equal to <ABCDEFG>, return value is 0

Compare <ABCDEFG> and <abcdefg>, using stricmp
<ABCDEFG> equal to <abcdefg>, return value is 0

Compare <ABCDEFG> and <Apple>, using stricmp
<ABCDEFG> less than <Apple>, return value is -14
```

大小寫符號已經沒有影響。另一方面，我們可以從最後兩個結果看出，函式 stricmp() 在比較時，應該會把所有的大寫字母先轉換成小寫字母，然後才依正常的程序做比較。

通常在比較兩字串時，我們不太關心回傳的確實數值，回傳值的符號才是我們需要的資訊；尤其在測試兩字串是否相同時，只要知道回傳值是否為 0 就行了。

第六章時我們曾介紹一個讀取密碼的程式，那時候的密碼乃採用數值資料；現在我們已經知道如何比較兩個字串，那麼就允許密碼能夠為文字資料。

```
1    /* ch10 str_pwd.c */
2    #include <stdio.h>
3    #include <string.h>
4    #define PASSWD "ANSI C"
5    #define TRUE 1
6    #define FALSE 0
7
8    int main()
9    {
10       char passwd[80];
11       int ok, try;
12
13       ok = FALSE;
14       try = 1;
15
16       do {
17           printf("%d. Enter your password : ", try++);
18           fgets(passwd, 7, stdin);
19           if (!strcmp(passwd, PASSWD))
```

```
20          ok = TRUE;
21      } while (!ok && (try <= 3));
22
23      if (ok)
24          printf("\nCongratulations !\n");
25      else
26          printf("\nYou are rejected !\n");
27      return 0;
28  }
```

程式結構大致相同，重點在於底下的測試條件：

```
if (!strcmp(passwd, PASSWD))
    OK = TRUE;
```

我們希望唯有當 passwd 的字串內容與 PASSWD 相同時，才執行 if 敘述的本體；當 passwd 等於 PASSWD 時，回傳值將為 0，而我們再以 ! 運算子作用，就能符合題目的要求。

底下是某些測試 (執行二次)：

```
1. Enter your password : MS Windows
2. Enter your password : Apple 2
3. Enter your password : Sun

You are rejected !

1. Enter your password : What is it?
2. Enter your password : Turbo C
3. Enter your password : ANSI C

Congratulations !
```

由於我們採用 strcmp() 來比較，所以大小寫的不同必須考慮。當然在實務上密碼不會直接寫在程式上，此處只是為了講解方便而撰寫。

10.5   命令列參數

所謂「命令列」(command line) 就是我們在 Windows 下的命令列提示符號後面鍵入的命令，你可以用搜尋的功能鍵入 cmd，即可進入命令列提示符號。

我們從 C 程式中可以直接取得命令列參數，方法是透過函式 main() 中的參數宣告：

```
void main (int argc, char *argv[])
{
     ...
}
```

第一個參數 argc 是 int 型態，它代表命令列參數的個數，譬如有一程式 prog.C 經過編譯執行無誤後產生 prog.exe，而且是在 C:\Users\USER\Documents 目錄下，此時在命令列符號下

C:\Users\USER\Documents>prog arg1 arg2 arg3

在這種情況下，argc 的值將等於 4，包括命令名稱本身。第二個參數 argv 則為字串指標所組成的陣列，以前面例子而言：

```
argv[0]  →  "prog"
argv[1]  →  "arg1"
argv[2]  →  "arg2"
argv[3]  →  "arg3"
```

事實上，整個命令列字串乃位於連續的記憶體，每個參數都以空字元加以分隔；而整個 argv[] 陣列也是用空字元代表結束：

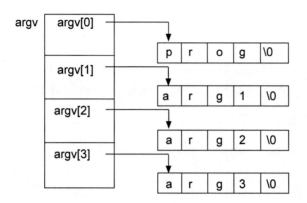

　　我們先來看看一個簡單的程式，並建立在 C:\Users\USER\Documents 目錄下：

```
1   /* ch10 cmd_line.c */
2   #include <stdio.h>
3   int main(int argc, char *argv[])
4   {
5       int i;
6       for (i=0; i<argc; i++)
7           printf("  argc[%d] : %s\n", i, argv[i]);
8
9       return 0;
10  }
```

　　for 迴圈中以 argc 作為限制條件，其實也可以藉由判定 argv 是否指向空指標 (Null Pointer) 來存取每一個命令列參數。欲測試本程式，必須跳出 Dev C++ 整合環境，而在 Windows 的命令列環境下執行，底下為一執行範例：

```
C:\Users\USER\Documents>cmd_line Dragon Lion Tiger Elephant
  argc[0] : cmd_line
  argc[1] : Dragon
  argc[2] : Lion
  argc[3] : Tiger
  argc[4] : Elephant
```

　　命令列上共有 5 個參數，第一個即為命令本身，輸出結果顯示，可執行程式的整個路徑名稱均會出現。

　　命令列上的資料都是字元型態，如果我們想從命令列上直接鍵入數值，那就必須再行處理。接下來要示範 C:\Users\USER\Documents 目錄下的程式為 cmd_op.c，該程式將接受三個參數，分別是第一個運算元、運算子 (加、減、乘、除)，以及第二個運算元，然後讓程式計算該運算式的結果。我們先來看看所要的結果：

```
C:\Users\USER\Documents> cmd_op 3 add 8
  3 + 8  =  11

C:\Users\USER\Documents> cmd_op 100 div 25
  100 / 25  =  4
```

程式將接受四則運算，它們的代號分別為

add	：加法
minus	：減法
mul	：乘法
div	：除法

　　特別注意到：命令列中雖然出現數字字元，但它們仍然是字串型態，並不能直接拿來運算，我們看看程式該如何處理：

```
1   /* ch10 cmd_op.c */
2   #include <stdio.h>
3   #include <stdlib.h>
4   void op(int, int, char);
5
6   int main(int argc, char *argv[])
7   {
8       char operator;
9       int op1, op2;
10
11      op1 = atoi(argv[1]);
12      op2 = atoi(argv[3]);
13
14      if (!stricmp(argv[2], "add"))
15          operator = '+';
16      else if (!stricmp(argv[2], "minus"))
17          operator = '-';
18      else if (!stricmp(argv[2], "mul"))
```

```
19                operator = '*';
20        else if (!stricmp(argv[2], "div"))
21                operator = '/';
22
23        op(op1, op2, operator);
24        return 0;
25 }
26
27 void op(int op1, int op2, char operator)
28 {
29        switch (operator) {
30            case '+':
31                printf("    %d + %d = %d\n", op1, op2, op1+op2);
32                break;
33            case '-':
34                printf("    %d - %d = %d\n", op1, op2, op1-op2);
35                break;
36            case '*':
37                printf("    %d * %d = %d\n", op1, op2, op1*op2);
38                break;
39            case '/':
40                printf("    %d / %d = %d\n", op1, op2, op1/op2);
41        }
42 }
```

　　程式中用了函式 atoi() 把字串形成的數值資料，轉換成實際可供運算的
數值：

```
op1 = atoi(argv[1]);
op2 = atoi(argv[3]);
```

　　函式 atoi() 乃是定義於 stdlib.h 標頭檔案中，它接受一個字串，並回傳該
字串所表示的相對整數值；經過這一道手續後，我們才能以運算子加以作用。

　　程式接下來用字串比較函式來判定確實的運算動作，然後才呼叫函式
op() 做出實際的計算。

10.6　摘要

　　本章專注於 C 語言字串的討論，字串其實是字元陣列，只不過它必須要擁有結尾的空字元。C 提供了大量的字串庫存函式，我們僅列舉其中較為重要的幾個，包括計算字串長度、字串連接拷貝，以及字串間的比較等等。我們在最後還介紹了命令列參數的處理方法，這種技巧有時可讓程式更具親和力。

10.7 上機練習

1.

```
1   //p10-1.c
2   #include <stdio.h>
3   #include <string.h>
4   int main()
5   {
6       char strg[10] = {'B', 'M', 'W', '\0'};
7       char strarr[10] = "Maserati";
8       char *strpp = "Porsche";
9       char strb[10] = {'B', 'M', 'W'}; /* Bad expression */
10      printf("\nMy car is %s\n", strg);
11      printf("\nMy car is %s\n", strarr);
12      printf("\nMy car is %s\n", strpp);
13      printf("\nMy car is %s\n", strb);
14
15      return 0;
16  }
```

2.

```
1   //p10-2.c
2   #include <stdio.h>
3   #include <string.h>
4   int main()
5   {
6       char *msg = "Maserati Levante Modena";
7       char dest1[30] = "Porsche";
8       strcpy(dest1, msg);
9       printf("\nMy car is... %s\n", dest1);
10
11      char dest2[30] = "Porsche788";
12      strncpy(dest2, msg, 8);
13      printf("\My car is... %s\n", dest2);
14
15      return 0;
16  }
```

3.

```
1   //p10-3.c
2   #include <stdio.h>
3   #include <string.h>
4
5   int main()
6   {
7       char *msg1 = "Levante ";
8       char *msg2 = "Modena";
9       char dest[40] = "Maserati ";
10      strcat(dest, msg1);
11      printf("\nMy car is... %s\n", dest);
12
13      strncat(dest, msg2, 3);
14      printf("\nMy car is... %s\n", dest);
15
16      return 0;
17  }
```

4.

```
1   //p10-4.c
2   #include <stdio.h>
3   #include <string.h>
4   int main()
5   {
6       char *str1 = "Porsche cayenne";
7       char *str2 = "Porsche Macan";
8       int result;
9       result = strcmp(str1, str2);
10      printf("strcmp(%s, %s) = %d\n", str1, str2, result);
11
12      result = strncmp(str1, str2, 7);
13      printf("strncmp(%s, %s, 7) = %d\n", str1, str2, result);
14
15      return 0;
16  }
```

5.

```
1    //p10-5.c
2    #include <stdio.h>
3    #include <string.h>
4    int main()
5    {
6        char *str1 = "Porsche";
7        char *str2 = "PORSCHE";
8        int result;
9        result = stricmp(str1, str2);
10       printf("strncmp(%s, %s) = %d\n", str1, str2, result);
11
12       return 0;
13   }
```

10.8　除錯題

1.

```
1   //d10-1.c
2   #include <stdio.h>
3   int main()
4   {
5       char str[10];
6       printf(" 請輸入一字串 : ");
7       scanf("%c", str);
8       printf(" 您輸入的字串為 %c\n", str);
9
10      return 0;
11  }
```

2.

```
1   //d10-2.c
2   #include <stdio.h>
3   int main()
4   {
5       char *str;
6       printf(" 請輸入一字串 : ");
7       scanf("%s", str);
8       printf(" 此字串的內容為 : %s\n", str);
9
10      return 0;
11  }
```

3.

```
1   //d10-3.c
2   #include <stdio.h>
3   int main()
4   {
5       char str1[] = 'Mary';
6       char *str2 = 'John';
7       printf(" 印出設定好的兩字串 :\n");
8       putS(str1);
9       putS(*str2);
10
11      return 0;
12  }
```

4.

```
1   //d10-4.c
2   #include <stdio.h>
3   int main()
4   {
5       char *str[3] = {"Tom", "and", "Jerry"};
6       int strLen = 3;
7       int i;
8       printf(" 用迴圈取出所有字串 :\n\n");
9       for (i=0; i<strLen; i++)
10          printf("%s\n", *str[i]);
11
12      return 0;
13  }
```

5.

```
1   //d10-5.c
2   #include <stdio.h>
3   int main()
4   {
5       char str[] = "C language";
6       int length = strLen(str);
7       char str2[20];
8
9       strcopy(str, str2);
10      printf("str1 字串內容為 %s\n", str);
11      printf("str1 字串長度為 %d\n", length);
12      printf("str2 字串內容為 %s\n", str2);
13
14      return 0;
15  }
```

6.

```
1   //d10-6.c
2   #include <stdio.h>
3   #include <string.h>
4
5   int main()
6   {
7       char *str1 = "Apple's ";
8       char str2[10] = "MAC";
9       strCat(str1, str2);
10      printf(" 將 str2 字串連接 str1 字串後: %s\n", str1);
11
12      return 0;
13  }
```

10.9　程式實作

1. 試撰寫一程式，模擬 strcat( ) 函式的作法。

2. 試撰寫一程式，模擬 strcpy( ) 函式的作法。

3. 試撰寫一程式，模擬 strcmp( ) 函式的作法。

4. 今有一程式包含有由小到大，及由大到小排序的函式，試利用下列命令列參數完成之。

   ```
   sort -d
   ```

   表示將資料由大到小排序之。

   ```
   sort -a
   ```

   表示將資料由小到大排序之。

11

結構與聯集

　　日常生活上碰到的各種資訊，彼此都有某種程度的關聯性；到目前為止學過的 C 語言資料型態，幾乎都是個別的單純資料。譬如某個人的詳細背景：包括姓名、年齡、身高、體重等等，我們必須設定許多不同類型的變數來保存它們，而這些變數間卻又沒有明顯的關聯，如此一來，程式的處理與使用將顯得十分不方便；陣列雖然是個不錯的建議，但是陣列僅能保存同類型的資料，至於混合各種資料型態的情形就需藉助本章的主題 - 結構 (structure) 與聯集 (union) 來完成了。

11.1　結構的用途

　　對於混合各種資料型態的元件而言，陣列並不是一個可用的選擇，因為陣列的所有元素必須擁有同樣的型態。尤其在資料庫 (Data Base) 系統下，不僅同一物件中擁有不同類型的資料，而且各資料庫間彼此也有關聯；C 語言的結構類似於 Pascal 的 record 型別，非常適合實作各種複雜的資料型態。

　　先來看一個實際的例子：假設某單位共有 5 個小組成員，如表 11-1 所示。我們想要記錄他們的相關資料，很容易就會想到陣列，陣列中每個元素分別代表某個人；但是詳細的個人資料該怎麼辦呢？我們要求的資料包括姓名、身分證號碼、年齡以及體重等等，它們有的是字串、有的是整數型態，如何將這些資料組織在一起，這便是本章的主題。

表 11-1　某單位的小組成員資料

編號	姓名	身分證號碼	年齡	體重
1	John	1575	23	60
2	Mary	6214	35	43
3	Foley	1207	44	55
4	Peter	5886	22	51
5	White	8402	17	59

　　底下的程式將設定一種資料表示法來描述每個成員，並且要求使用者為各個成員填入適當的資料，最後再把這些資料列印出來，同時也處理某些簡單運算。程式的內容如下：

```
1   /* ch11 struct.c */
2   #include <stdio.h>
3   #define NUM 4
4   struct client {
5       char name[8];
6       char id[8];
7       int age;
8       int weight;
9   };
```

```
10
11  int main()
12  {
13      struct client who[NUM];
14      int i;
15      int total;
16
17      printf("Input personal data...\n\n");
18      for (i=0; i<NUM; i++) {
19          printf("Number #%d :\n", i+1);
20
21          printf("    Who ? ");
22          scanf("%s", who[i].name);
23
24          printf("    ID number ? ");
25          scanf("%s", who[i].id);
26
27          printf("    How old ? ");
28          scanf("%d", &who[i].age);
29
30          printf("    Weight ? ");
31          scanf("%d", &who[i].weight);
32
33          printf("\n");
34      }
35
36      printf("\nDATA LISTING ...\n\n");
37      printf("  NUMBER      NAME        ID      AGE    WEIGHT");
38      printf("\n\n");
39
40      for (i = 0; i<NUM; i++) {
41          printf("   #%d",i+1);
42          printf("      %8s   %8s",who[i].name,who[i].id);
43          printf("     %5d %8d",who[i].age,who[i].weight);
44          printf("\n");
45      }
46
47      for (i=0,total=0; i<NUM; i++)
48          total += who[i].weight;
49      printf("\n   Total Weight : %d kg\n",total);
50      return 0;
51  }
```

您可以隨意看看程式的外觀，詳細的語法將於下一節再來說明；或許您能猜測出程式的意圖，尤其是最後一個 for 迴圈：

```
for (i = 0, total = 0; 0<NUM; i++)
    total + = who[i].weight;
```

似乎是計算所有成員體重的總和？沒有錯，我們來看看執行結果：

```
Input personal data...

Number #1 :
    Who ? Mary
    ID number ? 1111
    How old ? 34
    Weight ? 67

Number #2 :
    Who ? John
    ID number ? 2222
    How old ? 23
    Weight ? 45

Number #3 :
    Who ? Peter
    ID number ? 3333
    How old ? 55
    Weight ? 49

Number #4 :
    Who ? Nacy
    ID number ? 4444
    How old ? 44
    Weight ? 56

DATA LISTING ...

    NUMBER        NAME         ID          AGE       WEIGHT
     #1           Mary         1111        34          67
     #2           John         2222        23          45
     #3           Peter        3333        55          49
     #4           Nacy         4444        44          56

    Total Weight :   217 kg
```

11.2　結構樣板與變數

有了前一小節的範例，我們將從該例中慢慢介紹結構的用法。首先是設定結構樣板：

```
struct client {
    char name[8];
    char id[8];
    int age;
    int weight;
};
```

很明顯可以看出，這個結構樣板與我們所要的個人資料內容相一致。首先出現 struct 關鍵字，它指出接下來的設定乃為結構型態。接下來是一個可有可無的標籤，本例中為 client，標籤的目的是用來指明特定的結構，譬如說：程式中設定了許多結構樣板，我們便能用標籤名稱來辨識是哪一個結構型態，也可以利用標籤在程式其他地方定義結構變數，譬如在 main() 函式中的：

```
struct client who[NUM];
```

在這裡只要用 struct client 就能描述結構的詳細內容，而不必再把各個資料項重寫一遍，上述宣告的意義即為有個擁有 NUM 個元素的陣列，而每個元素都是 struct client 結構。

結構樣板的一般形式為：

```
struct tag {
    item1;
    item2;
    ...
    itemN;
};
```

大括號內的各項變數稱為該結構的成員 (member)，宣告的方法與一般變數的宣告相一致，別忘了，大括號最後還要加上分號。tag 是一個可有可無的標籤名稱，特別注意到，結構樣板不會配置記憶體空間，需等到宣告結構變數時，才會配置記憶體空間。

如果我們把結構變數的宣告與樣板的設定放在一起，那麼標籤名稱就可以省略。譬如前面例子的 who[NUM] 就可以在設定樣板時一起宣告：

```
struct {
    char name[8];
    char id[8];
    int age;
    int weight;
} who[NUM];
```

如此一來，就不能在別處宣告結構變數了。順便提到一點：標籤名稱允許與結構變數名稱相同。譬如說：

```
struct client {
    char name[8];
    char id[8];
    int age;
    int weight;
} client;
```

標籤 client 並沒有實際作用，我們真正使用的是變數名稱 client；或許讓所有的標籤都以大寫表示會是個不錯的主意。

有了變數名稱 client(並非標籤名稱)，我們便能利用它來存取各個成員，方法是透過「結構成員運算子」(即句點)：

```
client.name        /* string */
client.id          /* string */
client.age         /* integer */
client.weight      /* integer */
```

這些符號便如同一般的變數，可以保存資料或是用來運算，現在您可以回過頭來看看前面程式中的各個細節。

底下再來看個範例，例子中示範巢狀結構的設定方法與結構資料初始化的方法：

```
1    /* ch11 nested.c */
2    #include <stdio.h>
3    struct name {
4        char *first;
5        char *last;
6    };
7
8    struct address {
9        char *city;
10       char *road;
11   };
12
13   struct client {
14       struct name name;
15       struct address address;
16       int age;
17       int length;
18       char sex;
19   };
20
21   int main()
22   {
23       struct client somebody = {{"Joan","Lin"},
24                                 {"Taipei","110 Chung-shan St."},
25                                 22, 173,
26                                 'F'
27                                };
28
29       printf("    NAME : %s %s\n", somebody.name.first,
30               somebody.name.last);
31       printf("    ADDRESS: %s, %s\n", somebody.address.road,
32               somebody.address.city);
33       printf("    AGE : %d\n", somebody.age);
34       printf("    LENGTH : %d\n", somebody.length);
35       printf("    SEX : %c\n", somebody.sex);
36       return 0;
37   }
```

我們在 struct client 中利用到先前所設定的結構 Name 與 Address，整個 client 的內容如圖 11-1 所示：

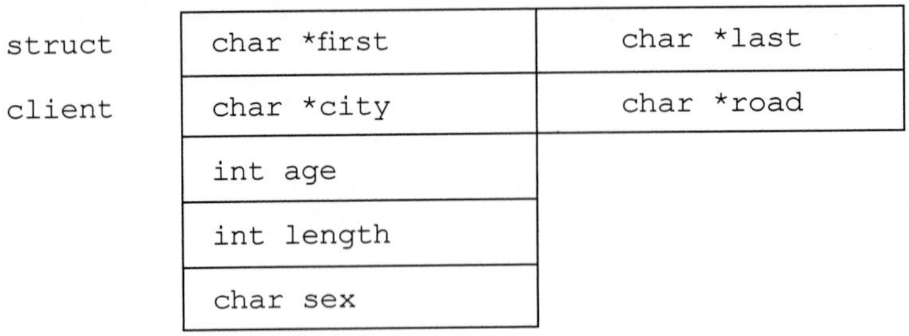

struct	char *first	char *last
client	char *city	char *road
	int age	
	int length	
	char sex	

圖 11-1   struct client 內容示意圖

在函式 main() 之內，我們實際宣告了一個變數 somebody，並且以初始化的技巧為各個成員取得資料：

```
struct client somebody   =  {{"Joan", "Lin"},
             {"Taipei", "110 Chung-shan St."}, 22, 173,
             'F'};
```

應該不難看出，初始化的數值串列中，每一個資料項分別對應到結構樣板內的適當資料型態；如果有巢狀結構，初始化時就以內層的大括號來對應。

由於結構的深度不止一層，所以我們要透過多次的成員運算子作用，才能取得最內層的變數，例如本例中就需要用到兩次成員運算子：

```
somebody.name.first                 /*string*/
somebody.address.city               /*string*/
```

程式的動作相當簡單，目的即為讓讀者專注於結構的用法。輸出如下：

```
NAME :  Joan Lin
ADDRESS:  110 Chung-shan St., Taipei
AGE :  22
LENGTH :  173
SEX :  F
```

11.3　存取結構成員

從前面的幾個例子可以看出，結構的用法相當簡單，也很自然，透過結構成員運算子即可存取各個元素。事實上，結構在應用上並非如此單純，其中牽涉到指向結構的指標、以結構作爲參數，以及回傳整個結構的函式等等。

我們將以底下的範例來說明上述的問題，程式的功能很簡單，它要求使用者輸入兩個點的 x、y 座標值：

(x1, y1) 及 (x2, y2)

然後計算兩點間的距離以及中點的座標，基本公式如下：

$$距離 = \sqrt{(x1 - x2)^2 + (y1 - y2)^2}$$
$$中點 = (\ (x1+x2)/2\ ,\ (y1+y2)/2\ )$$

由於每個點都必定有 x 座標與 y 座標，所以我們用結構 point 來表示：

```
struct point
{
    int x;
    int y;
};
```

在此假設座標值均爲整數。首先要處理座標輸入的動作，程式如下所示：

```
1   /* ch11 point.c */
2   #include <stdio.h>
3   #include <math.h>
4   struct point {
5       int x;
6       int y;
7   };
8
9   void get_point(struct point *);
10  double length(struct point,struct point);
11  struct point get_mid(struct point,struct point);
12
13  int main()
14  {
```

```
15        struct point p1,p2;
16        double len;
17        struct point midp;
18
19        printf("Input first point: \n");
20        get_point(&p1);
21
22        printf("\nInput second point: \n");
23        get_point(&p2);
24
25        len = length(p1, p2);
26        midp = get_mid(p1, p2);
27
28        printf("\n\nPOINT #1 (%d, %d)", p1.x, p1.y);
29        printf("\nPOINT #2 (%d, %d)",p2.x, p2.y);
30
31        printf("\n  Length = %f\n",len);
32        printf("  Midpoint: (%d, %d) \n", midp);
33        return 0;
34  }
35
36  void get_point(struct point *point)
37  {
38        printf("    X-axis: ");
39        scanf("%d", &(point->x));
40        printf("    Y-axis: ");
41        scanf("%d", &(point->y));
42  }
43
44  double length(struct point p1, struct point p2)
45  {
46        double leng;
47        int x_dif,y_dif;
48
49        x_dif = abs(p1.x - p2.x);
50        y_dif = abs(p1.y - p2.y);
51
52        leng = sqrt((double) (x_dif*x_dif + y_dif*y_dif));
53        return(leng);
54  }
55
56  struct point get_mid(struct point p1, struct point p2)
57  {
58        struct point mid;
59
60        mid.x = (p1.x + p2.x) / 2;
61        mid.y = (p1.y + p2.y) / 2;
62
63        return(mid);
64  }
```

程式中宣告了兩個 struct point 變數：

```
struct point p1, p2;
```

我們必須分別讀入這兩點的 x、y 座標值，若要透過函式來完成，應該知道必須採取以址呼叫的方式：

```
get_point(&p1);
```

我們把 p1 的位址傳入函式 get_point()，在函式內分別讀入 x、y 座標，直到函式返回後，變數 p1 便能擁有其值。函式 get_point() 的原型宣告如下：

```
void get_point(struct point *);
```

在函式本體定義時，我們採用同名的形式參數 point：

```
void get_point(struct point *point)
{
    ...
    scanf("%d", &(point->x));
    ...
    scanf("%d", &(point->y));
}
```

我們看到奇怪的 -> 符號；依照正常的情形，指標變數 point 內的成員應該表示成

```
(*point).x 及
(*point).y
```

小括號是必須的，因為成員運算子優先順序比 * 還要高；C 語言提供了另一種符號來簡化這種表示法，即 ->(連字號加上大於符號)：

```
point -> x 及
point -> y
```

由於函式 scanf() 中需要讀入 x 與 y 的資料，所以整個表示法前面還要加上 & 運算子。

特別注意到：結構名稱並非該結構第一個位元組位址的代稱，這與陣列的性質完全不同，我們不能寫成這樣：

```
get_point(p1);
```

它的意思並非傳遞結構指標，而是傳送整個結構的拷貝版，因此它是以值呼叫的例子，函式 get_point() 並不能採取這種作法。C 語言允許整個結構作為參數，這也是和陣列有所不同的地方，函式 length() 便是採用此種技巧：

```
double length(struct point p1, struct point p2)
{
    double leng;
    ...
    leng = sqrt((double)(x_dif * x_dif + y_dif * y_dif));
    return(leng);
}
```

函式中用到兩個庫存函式 abs() 與 sqrt()，它們都定義於 math.h 標頭檔中，原型宣告如下：

int abs(int num);

函式 abs() 可回傳 num 的絕對值。

double sqrt(double num);

sqrt() 則回傳 num 的平方根，由於該函式要求參數為 double 型態，所以我們在呼叫時特別使用轉型運算子 (double)，將後面的整數運算式加以轉型。

結構與陣列還有一點不同，那就是能直接把整個結構，設定給另一個結構變數，這種能力將允許函式以結構作為回傳值；函式 get_mid() 便是這種情形：

```
struct point get_mid(struct point p1, struct point p2)
{
    struct point mid;
    mid.x = (p1.x+p2.x)/2;
    mid.y = (p1.y+p2.y)/2;

    return(mid);
}
```

結構成員的值仍然要分別設定，而不要想直接寫成

```
mid = (p1+p2)/2;    /* 非法運算子 */
```

因為加法運算並不能運作於整個結構。

函式 get_mid() 的回傳值為一結構，可直接把所有成員值設定給另一個結構：

```
midp = get_mid(p1, p2);
```

使用起來十分方便。最後還是來看看執行情形吧：

```
Input first point :
    X-axis:  9
    Y-axis:  6

Input second point :
    X-axis:  3
    Y-axis:  14

POINT #1 (9, 6)
POINT #2 (3, 14)
    Length = 10.000000
    Midpoint: (6, 10)
```

　　在此做個小小的摘要：使用結構型態時，必須明確設定結構樣板，而結構標籤則可有可無，其目的僅在指稱某個結構。結構樣板本身不會佔據空間，我們必須另外宣告結構變數。一般的結構變數在存取各成員時，必須透過 · 運算子；若是指標的結構變數，則需利用 -> 運算子直接存取任何成員。結構名稱與陣列名稱代表的意義大不相同。結構名稱不僅可作為函式的參數，同時也可以是函式的回傳型態。

11.4　應用範例：鏈結串列

　　資料結構 (Data Structures) 的領域內，鏈結串列 (Linked list) 是一種非常重要的技巧；我們在這一節裡就要用 C 語言的結構來實作鏈結串列。

　　這裡提出的問題很簡單：我們希望能輸入一些字元資料，並要求這些資料依照 ASCII 碼的遞增序列排好；程式同時還要具備查詢、插入、刪除以及列示等功能。乍看之下，陣列將很容易能夠解決我們的問題；但是，這個陣列該設定多大呢？另一方面，插入或刪除字元時將耗費不少時間，舉例來說，原本已經存在一個有序陣列：

c	f	i	m	q	t	u	w	y			⋯

　　現在要插入字元 g，找到適當位置後，原來存在的元素都必須向後挪動一格：

c	f	g	i	m	q	t	u	w	y			⋯

如果要刪除 f，類似的移動又將發生：

c	g	i	m	q	t	u	w	y			⋯

　　當資料量愈大時，這類搬移動作耗費的時間便顯得十分可觀。本節要介紹的鏈結串列將能克服許多問題：首先是記憶空間的考量，鏈結串列採取動態記憶體配置的技巧，需要的空間視實際的資料而定，不會有浪費或不足的情形；此外，鏈結串列在資料插入或刪除時將維持固定的時間，不會因資料量的多寡而有變化。

　　鏈結串列的基本架構如圖 11-2 示意圖：

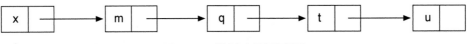

圖 11-2　鏈結串列示意圖

　　每一個節點 (node) 中包含了實際的資料以及指向下一個節點的指標；循著指標的方向，我們將能掌握整個串列。首先面臨的問題是節點該如何表示：

```
struct node {
    char data;
    struct node *link;
};
```

　　結構 struct node 內又用了 struct node，因此這是一種遞迴性的宣告方式，此結構又可稱為自我參考結構 (self-reference structure) 如圖 11-3 所示：

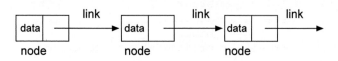

圖 11-3　自我參考結構示意圖

　　我們先把程式列出來，再來慢慢討論其中的細節：

```
1   /* ch11 linklist.c */
2   #include <stdio.h>
3   #include <stdlib.h>
4   void show(void);
5   void insert(void);
6   void delete(void);
7   void search(void);
8   void flushBuffer(void);
9
10  struct node {
11
12        char data;
13
14        struct node *link;
15
16  };
17  struct node *head, *current, *prev;
18
19  int main()
20  {
21      char key;
22      head = (struct node *)malloc(sizeof(struct node));
23      head->link = NULL;
24      while (1) {
25          printf("\nFunction:  0 ==>[EXIT]     1 ==> [SHOW]");
26          printf("\n                2 ==>[INSERT]   3 ==> [DELETE]");
```

```
27          printf("\n                    4 ==>[SEARCH]");
28          printf("\n");
29          printf(" 請輸入選項 : ");
30          key = getchar();
31          flushBuffer();
32          switch (key) {
33              case '0' : printf("\nBye Bye !\n");
34                         exit(1);
35              case '1' : show();
36                         break;
37              case '2' : insert();
38                         break;
39              case '3' : delete();
40                         break;
41              case '4' : search();
42                         break;
43              default  : printf("wrong choice");
44          }
45      }
46
47      return 0;
48 }
49
50 void show()
51 {
52      int count;
53      current = head->link;
54      for (count=0; current!=NULL; count++) {
55          printf("%3c", current->data);
56          current = current->link;
57      }
58      printf("\n  %d character %s in total\n", count, (count>1) ?
                                                "s" : " ");
59 }
60
61 void insert()
62 {
63      struct node *ptr;
64      printf(" 輸入一字元 : ");
65      char ins = getchar();
66      flushBuffer();
67      prev = head;
68      current = prev->link;
69      // 按照英文字母排序
70      while (current != NULL && current->data < ins) {
71          prev = current;
72          current = current->link;
73      }
```

```
74
75      if ((current != NULL) && (current->data == ins)) {
76          printf("\n    Character '%c' existed!\n", ins);
77          return;
78      }
79
80      ptr = (struct node *) malloc(sizeof(struct node));
81      if (ptr == NULL) {
82          printf("\nNot enough memory\n");
83          return;
84      }
85
86      /* construct link list */
87      ptr->data = ins;
88      ptr->link = prev->link;
89      prev->link = ptr;
90      printf("\n    Character '%c' inserted OK\n", ins);
91 }
92
93 void delete()
94 {
95      printf(" 輸入欲刪除的字元： ");
96      char del = getchar();
97      flushBuffer();
98      prev = head;
99      current = prev->link;
100     while (current != NULL && current->data < del) {
101         prev = current;
102         current = current->link;
103     }
104
105     if (current != NULL && current->data == del) {
106         prev->link = current->link;
107         free(current);
108         printf("\n    Character '%c' deleted OK!\n", del);
109     }
110     else
111         printf("\n    Character '%c' Not existed!\n", del);
112 }
113
114 void search()
115 {
116     int count = 1;
117     printf(" 輸入欲搜尋的字元： ");
118     char sear = getchar();
119     flushBuffer();
120     current = head->link;
121     while (current != NULL && current->data < sear) {
```

```
122          current=current->link;
123          count++;
124     }
125
126     if ((current!=NULL) && (current->data == sear))
127          printf("\n    Character '%c' is #%d!\n", sear, count);
128     else
129          printf("\n    Character '%c' Not existed!\n", sear);
130 }
131
132 void flushBuffer()
133 {
134     while (getchar() != '\n')
135          continue;
136 }
```

　　程式一開始便宣告了一個結構變數 head，它是鏈結串列的開頭，我們唯有透過它才能追蹤整個串列。一般來說，head 結構的資料項中並不保存實際的資料。除了開頭節點之外，也該有種方法指示串列的結尾，程式中一開始便有底下的設定

```
head.link = NULL;
```

　　NULL 定義於 stdio.h 中，其值為 0，意思是空指標 (null pointer)，由於 head 此處宣告的是一般結構變數，而不是指標變數，故以 · 運算子來擷取結構成員。由於目前串列中並沒有任何資料，所以先讓 head 的 link 欄位指向 NULL：

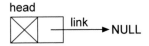

當資料陸續輸入時，串列便會成長，我們先來看看片段的執行結果：

主要是用到 insert 功能，函式 insert() 即負責處理這部分的動作。

在字元 m 輸入前的串列是這樣的：

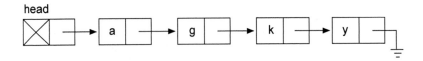

當我們呼叫 insert('m'); 時，函式 insert() 內部的 for 迴圈會先找到 'm' 應該插入的節點 (prev)，此時 current 指向 y 節點，而 prev 指向 k 節點：

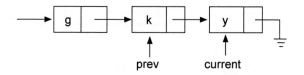

有了這兩項資訊，我們就可以著手爲 'm' 配置節點，此處呼叫了記憶體配置函式 malloc()，它定義於 stdlib.h 中：

_void* malloc(size_t size);_

該函式可要求 size 個位元組的記憶空間，並把第一個位元組的位址回傳；如果記憶體不足，則會回傳 NULL。回傳的指標爲指向 void，使用前必須加以轉型：

```
ptr = (struct node*)malloc(sizeof (struct node))
```

如此一來，我們便建立了另一個節點 ptr；

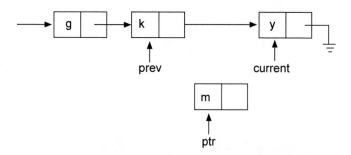

接下來的工作便是把節點 ptr 串接起來，透過底下兩條敘述就行了：

（一）

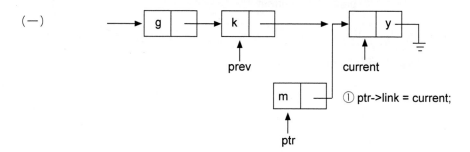

（二）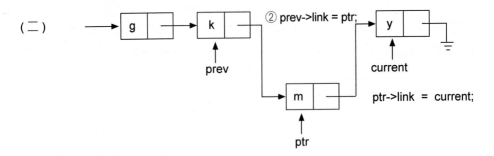

　　函式還有許多細節需要注意，您可以自行觀察。

　　程式的另一項重要動作便是刪除，欲刪除某一字元時，同樣必須找到該節點的所在，同時也要記住前一個節點：

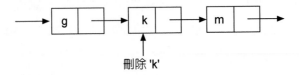

　　先找到 'k' 的所在，以及前一個節點：

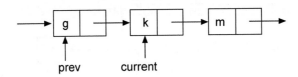

　　我們只要改變其中一條鏈結即可：

```
prev->link = current->link;
```

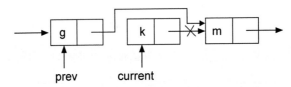

　　此時的 'k' 節點仍然存在，但已經無法由 head 找到它，所以我們必須將它歸還記憶體空間以便稍後再行要求：

```
free(current);
```

函式 free(current) 也是位於 stdlib.h 標頭檔中，可歸還由 malloc() 配置而得的記憶體空間。

鏈結串列的動作相當簡單，但在撰寫程式時必須非常謹慎，最好能自行模擬程式的流程；在我們的程式中，有關的邊界條件都已考慮進去，譬如插入串列開頭或尾端的情形，希望您能自行驗證一番。

看過前面兩個函式，另外的 show() 與 search() 就顯得容易多了。show() 主要工作是印出串列的所有節點。由於 head 節點不存任何資料，故第一筆是 head.link，將它指定給 current，利用 for 迴圈重複執行，直到 current == NULL 為止。注意！每次迴圈皆需利用 current = current ->link; 敘述，將 current 往下移。search() 其主要的工作是要找尋一指定的字元。也就是將 head.link 指定給 current，再利用 while 迴圈搜尋之。搜尋的結果不是找到，就是要找尋的字元不在串列中。

最後還是把程式執行完畢吧：

```
Function:  0 ==>[EXIT]      1 ==> [SHOW]
           2 ==>[INSERT]    3 ==> [DELETE]
           4 ==>[SEARCH]
請輸入選項 : 1

  0 character   in total

Function:  0 ==>[EXIT]      1 ==> [SHOW]
           2 ==>[INSERT]    3 ==> [DELETE]
           4 ==>[SEARCH]
請輸入選項 : 2
輸入一字元 : p

    Character 'p' inserted OK

Function:  0 ==>[EXIT]      1 ==> [SHOW]
           2 ==>[INSERT]    3 ==> [DELETE]
           4 ==>[SEARCH]
請輸入選項 : 2
輸入一字元 : q

    Character 'q' inserted OK
```

```
Function:   0 ==>[EXIT]      1 ==> [SHOW]
            2 ==>[INSERT]    3 ==> [DELETE]
            4 ==>[SEARCH]
請輸入選項 : 2
輸入一字元 : r

    Character 'r' inserted OK

Function:   0 ==>[EXIT]      1 ==> [SHOW]
            2 ==>[INSERT]    3 ==> [DELETE]
            4 ==>[SEARCH]
請輸入選項 : 1
  p  q  r
  3 character s in total

Function:   0 ==>[EXIT]      1 ==> [SHOW]
            2 ==>[INSERT]    3 ==> [DELETE]
            4 ==>[SEARCH]
請輸入選項 : 4
輸入欲搜尋的字元 : r

    Character 'r' is #3!

Function:   0 ==>[EXIT]      1 ==> [SHOW]
            2 ==>[INSERT]    3 ==> [DELETE]
            4 ==>[SEARCH]
請輸入選項 : 4
輸入欲搜尋的字元 : w

    Character 'w' Not existed!

Function:   0 ==>[EXIT]      1 ==> [SHOW]
            2 ==>[INSERT]    3 ==> [DELETE]
            4 ==>[SEARCH]
請輸入選項 : 3
輸入欲刪除的字元 : w

    Character 'w' Not existed!

Function:   0 ==>[EXIT]      1 ==> [SHOW]
            2 ==>[INSERT]    3 ==> [DELETE]
            4 ==>[SEARCH]
請輸入選項 : 3
輸入欲刪除的字元 : r

    Character 'r' deleted OK!

Function:   0 ==>[EXIT]      1 ==> [SHOW]
            2 ==>[INSERT]    3 ==> [DELETE]
```

```
                4 ==>[SEARCH]
請輸入選項 : 1
  p  q
  2 character s in total

Function:  0 ==>[EXIT]      1 ==> [SHOW]
           2 ==>[INSERT]    3 ==> [DELETE]
           4 ==>[SEARCH]
請輸入選項 : 0

Bye Bye !
```

11.5　聯集

聯集 (union) 的形式與結構非常類似，同樣有聯集樣板與聯集變數：

```
union tag {
    item1;
    item2;
     :
    itemN;
};
```

聯集與結構的不同在於聯集所佔的記憶體空間乃為所有變數成員中最大擁有的空間，譬如說：

```
union unit {
    char ch;
    int num;
    double f1;
} object;
```

那麼各個成員便可透過成員運算子加以存取：

```
object.ch = 'A';
object.num = 100;
object.f1 = 3.14;
```

雖然如此，但在同一時間，僅有一種型態能夠存在，它不可能同時保有字元 'A'、整數 100 以及浮點數 3.14 ；換句話說，聯集 object 僅佔有 8 個位元組，因為成員中 double 型態是最大的一個。聯集提供了一種方法，可讓我們以不同的角度來解釋同樣的內容，例如：

```
union {
    int num;
    char low, high;
};
```

於是便可用 char 的 low 或 high 資料來看待 int 資料 num。對於指向聯集的指標，同樣是透過 -> 運算子來存取各成員。

11.6　列舉型態

「列舉型態」(enumerated type) 目的在於提供一種符號名稱來表示整數常數。利用關鍵字 enum 就能建立新的列舉型態，並且宣告屬於該型態的變數，進而設定各個列舉變數的值。

事實上，enum 的真正型態仍然是 int，它不過是為了提供程式較大的可讀性，宣告的語法大致與結構 (struct) 相同：

```
enum number {
    zero, /* 以逗號分隔 */
    one,
    two,
    three,
    four
};
enum number num;
```

第一個宣告建立起 number 為一列舉型態名稱；第二個宣告則使 num 成為該型態的變數；大括弧內部列舉出 number 所允許的值，這些值都是 int 型態，而且依序從 0 開始增加：

```
zero == 0;
one == 1;
two == 2;
three == 3;
four == 4;
```

至於變數 num 則可保有 zero、one、two、three、four 等值，進而做出下列敘述：

```
num = three;   /* num=3 */
if (num == zero) /* if(!num) */
    :
for (num=zero; num<four; num++) {
/* for (num=0; num<4; num++) */
    ...
}
```

如果不想採用預設值，我們也可以自行給予初值，譬如說：

```
enum number {
    num1 = 100,
    num2 = 200,
    num3 = 300,
}
```

那麼便會有下列的關係：

```
num1 == 100;
num2 == 200,
num3 == 300,
```

　　假使已指定某個常數初值，但接下來的常數卻沒有明確表示，那麼這些常數就會依序取得遞增的值；譬如說

```
enum test {
    test1 = 10,
    test2, test3,
    test4 = 5,
    test5
};
```

於是各個常數將得到下列的數值：

```
test1 == 10;
test2 == 11;
test3 == 12;
test4 == 5;
test5 == 6;
```

　　ANSI C 要求列舉變數必須視為 int 型態，這意味著 enum 變數也可以像 int 變數一般使用於運算式中。

11.7　typedef 指令

typedef 可爲我們定義新的型態名稱，譬如前面提到的 size_t 就是定義爲

```
typedef unsigned size_t;
```

typedef 並非前置處理程式指令，它完全是 C 語言的一部分，之所以在此討論，原因在於一般的標頭檔中多含有這類敘述。既然 typedef 是 C 語言的一般敘述，所以在敘述的最後千萬別忘記分號。

當我們把 size_t 定義成 unsigned 之後，就可以用 size_t 作爲新的型態名稱：

```
size_t num;
size_t ary[100];
```

當然，這些變數實際的型態仍然是 unsigned，其實就是 unsigned int。您可以利用 typedef 定義出自己喜歡的型態名稱，譬如說：您認爲 real 比 float 來得親切，那麼就可以用下面的敘述來完成：

```
typedef float real;
```

往後出現 real 型態的地方，就如同是 float 型態：

```
real money;   /* float money; */
```

也許您會發覺，若採用 #define 指令同樣可以達成目標：

```
#define real float
```

出現 real 的地方都會被 float 取代，但是底下這種情況就不行了：

```
typedef char* string;
```

這條敘述把 string 定義成其他語言中的字串型態：

```
string str, msg;  //char *str, *msg;
```

#define 指令便沒有辦法完成同樣的效果。typedef 還可以運用在結構上：

```
typedef struct COMPLEX {
    double real;
    double imag;
} complex;
```

以後當我們提及該結構的樣板時，只要以新型態的名稱 complex 來表示就行了：

```
complex num1, num2;
```

　　typedef 敘述的目的不外乎是建立起自己喜好的型態名稱，但最重要的是：當我們需要表示一個複雜的資料結構時，往往可以用 typedef 使之清晰不少。

11.8　摘要

　　本章的重點在於結構的語法及其應用，最後則大略介紹聯集。多數較高等的程式中，結構是個極重要的工具，尤其是物件導向 (object-oriented) 程式設計的類別 (class)，更與結構相當類似。知道如何使用結構，再加上下一章將介紹的檔案 (File)，就可以建構出簡單的資料庫系統。一個良好的程式演算法，更離不開巧妙的資料結構，C 語言的結構型態將可充分實現這些技巧。

11.9 上機練習

1.

```
1   //p11-1.c
2   #include <stdio.h>
3   int main()
4   {
5       struct student {
6           char *name;
7           int score;
8       };
9
10      struct student s = {"Nancy", 98};
11      struct student *pstr = &s;
12      printf("s.name = %s\n", s.name);
13      printf("pstr->name = %s\n", pstr->name);
14      printf("pstr->score = %d\n", pstr->score);
15      printf("(*pstr).name = %s\n", (*pstr).name);
16      printf("(*pstr).score = %d\n", (*pstr).score);
17
18      return 0;
19  }
```

2.

```
1   //p11-2.c
2   #include <stdio.h>
3   int main()
4   {
5       struct st_name {
6           char *firstname;
7           char *lastname;
8       };
9
10      struct student {
11          struct st_name name;
12          int score;
13      };
14      struct student s1 = {"Peter", "Wang", 95};
15      printf("%s %s score is %d\n",
16              s1.name.firstname, s1.name.lastname, s1.score);
17
18      return 0;
19  }
```

3.

```
20 //p11-3.c
21 #include <stdio.h>
22 struct job {
23     char *jobname;
24     double pay;
25 };
26 void double_pay(struct job *);
27
28 int main()
29 {
30     struct job peter, *ptr;
31     peter.jobname = "manager";
32     peter.pay = 400.72;
33     ptr = &peter;
34     printf("%f\n", ptr->pay);
35     double_pay(ptr);
36     printf("%f\n", ptr->pay);
37
38     return 0;
39 }
40
41 void double_pay(struct job *test)
42 {
43     test->pay *= 2.0;
44 }
```

11.10　除錯題

1.

```
1   //d11-1.c
2   #include <stdio.h>
3   struct student {
4       char name[20];
5       int score;
6   }
7
8   int main()
9   {
10      struct student stu;
11      stu.name = "Frank";
12      stu.score = 80;
13      printf(" 此學生姓名 : %s\n", stu->name);
14      printf(" 此學生手機 : %d\n", stu->score);
15
16      return 0;
17  }
```

2.

```
1   //d11-2.c
2   #include <stdio.h>
3   #include <stdlib.h>
4   struct student {
5       char name[30];
6       int score;
7   };
8
9   int main()
10  {
11      struct student stu = {"Mary", 92};
12      struct student *ptr = stu;
13      printf(" 此學生的姓名是 %s\n", ptr.name);
14      printf(" 此學生的分數是 %d\n", ptr.score);
15
16      return 0;
17  }
```

3.

```
1   //d11-3.c
2   #include <stdio.h>
3   #include <stdlib.h>
4   struct student {
5       char name[20];
6       int score;
7   };
8
9   int main()
10  {
11      struct student stu[3] = {{"Amy",90} {"Cary",85} {"Chloe",91}};
12      int i;
13      printf("%-15s %-10s\n", " 學生姓名 ", " 學生成績 ");
14      printf("----------------------\n");
15      for (i=0; i<3; i++)
16          printf("%-16s %-8d\n", (stu + i).name, (stu + i).score);
17      printf("----------------------\n");
18
19      return 0;
20  }
```

4.

```
1   //d11-4.c
2   #include <stdio.h>
3   struct student {
4       char name[20];
5       int score;
6       struct student *next;
7   };
8
9   int main()
10  {
11      struct student stu1 = {"Mary", 95, NULL};
12      struct student stu2 = {"Gina", 80, NULL};
13      struct student *ptr;
14      int i;
15      stu1.next = stu2;
16      ptr = &stu1;
17
18      printf(" 利用 ptr 印出所有資料 \n\n");
19      printf("%-15s %-10s\n", " 學生姓名 ", " 學生成績 ");
20      printf("----------------------\n");
21      while (ptr == NULL) {
22          printf("%-16s %-8d\n", ptr->name, ptr->score);
23          *ptr = *ptr->next;
```

```
24         }
25         printf("-----------------------\n");
26
27         return 0;
28    }
```

5.

```
1   //d11-5.c
2   #include <stdio.h>
3   #include <stdlib.h>
4   struct student {
5       char name[20];
6       int score;
7       struct student *next;
8   };
9
10  int main()
11  {
12      int choice = 0;
13      struct student *head;
14      struct student *ptr;
15      struct student *current;
16      head = (struct student)malloc(sizeof(struct student));
17      head->next = NULL;
18      while (choice != 3) {
19          printf("*******\n");
20          printf("1. 加入 \n");
21          printf("2. 顯示 \n");
22          printf("3. 離開 \n");
23          printf("*******\n" );
24          printf(" 請選擇 : ");
25          scanf("%d", &choice);
26          switch (choice) {
27              case 1:
28                  ptr = (struct student)malloc(sizeof(struct student));
29                  printf(" 請輸入姓名 : ");
30                  scanf("%s", ptr->name);
31                  printf(" 請輸入分數 : ");
32                  scanf("%d", &ptr->score);
33                  head->next = ptr;
34                  ptr->next = head->next;
35                  break;
36              case 2:
37                  current = head->next;
38                  printf("%-20s%-20s\n", " 學生姓名 ", " 學生成績 ");
39                  printf("-----------------------\n");
40                  while (current != NULL) {
```

```
41                      printf("%-16s%-8d\n", current->name,
42                      current->score);
43                      current->next = current;
44                  }
45                  printf("----------------------\n");
46                  break;
47              }
48      }
49
50      return 0;
51  }
```

6.

```
1   //d11-6.c
2   #include <stdio.h>
3   #include <stdlib.h>
4   void insert(void);
5   void display(void);
6   struct student {
7       char name[20];
8       int score;
9       struct student *next;
10  };
11
12  int main()
13  {
14      int choice = 0;
15      struct student *head;
16      struct student *ptr;
17      struct student *current;
18      head = (struct student)malloc(sizeof(struct student));
19      head->next = NULL;
20      while (choice != 3) {
21          printf("*******\n");
22          printf("1. 加入 \n");
23          printf("2. 顯示 \n");
24          printf("3. 離開 \n");
25          printf("*******\n");
26          printf(" 請選擇 : \n");
27          scanf("%d", &choice);
28          switch (choice) {
29              case 1:
30                  insert();
31                  break;
32              case 2:
33                  display();
34                  break;
```

```
35              }
36          }
37
38      return 0;
39  }
40
41  void insert()
42  {
43      ptr = (struct student)malloc(sizeof(struct student));
44      printf(" 請輸入姓名 : ");
45      scanf("%s", ptr->name);
46      printf(" 請輸入分數 : ");
47      scanf("%d", &ptr->score);
48      head->next = ptr;
49      ptr->next = head->next;
50  }
51
52  void display()
53  {
54      current = head->next;
55      printf("%-15s %-10s\n", " 學生姓名 ", " 學生成績 ");
56      printf("-----------------------\n");
57      while (current != NULL) {
58          printf("%-16s %-8d\n", current->name,
59          current->score);
60          current->next = current;
61      }
62      printf("-----------------------\n");
63  }
```

11.11　程式實作

1. 佇列 (Queue) 的特性是先進先出，以鏈結串列來表示的話，我們可將它視為加入在尾端，而刪除在前端，試撰寫一程式測試之。

2. 堆疊 (Stack) 的特性是先進後出，以鏈結串列來表示的話，我們可將它視為加入和刪除都在前端，試撰寫一程式測試之。

3. 試修改 p11-15 的 linklist.c 程式，將原先的一段變數 head 改為一般變數 (head)，但輸出結果和原先的一樣。請將修改的地方解釋之。

NOTE ::::::

12

檔　案

　　檔案 (file) 在電腦系統中扮演極重要的角色，各種軟體多儲存於檔案內，程式執行時產生的資料也可能儲存在檔案中；為了管理眾多的檔案，作業系統提供了一套檔案系統 (file system)，負責檔案的組織架構，使用者由外界僅需透過檔案名稱便可操作這些檔案。本章的目的即在說明如何利用 C 語言來處理檔案。

12.1　標準檔案 I/O

　　檔案基本上是由連續的位元組構成，一般所謂檔案的長度，大多是指檔案中實際的位元組數目。C 提供一組專爲檔案運作的標準 I/O 函式，透過這些函式，我們將可存取檔案內的資料，或者重新建立新檔。

　　利用標準 I/O 函式，除了擁有較大的可攜性外，還具有兩項優點：

一、　程式將能處理格式化的資料，例如：函式 fprintf() 便如 printf() 般可將格式化的輸出送到檔案中。

二、　檔案的 I/O 都是「具緩衝的」(buffered)，系統將配置適當的空間作爲緩衝區 (通常爲 512 個位元組)；檔案的讀寫都以整個緩衝區大小作爲基本單位，這樣在存取速度上將有較佳的效率。

　　我們一般使用檔案時，都是利用檔案名稱來指稱某個檔案；在程式中我們透過「開檔」(open file) 的動作以便取得一個指向檔案的指標，往後只要利用該指標來代表該檔案就行了。

　　事實上，開檔的動作並非僅爲了上述目的，在系統內部，有關檔案系統的表格結構以及記憶體的配置等等動作，都會在開檔時一併完成，不過這些都是系統的事情；就使用者的觀點而言，我們只要知道如何指定某個檔案，表面上看來就好像是把檔案打開來一般。

　　我們先來看一個實際的例子：

```
1    /* ch12 file_rw.c */
2    #include <stdio.h>
3    #include <stdlib.h>
4    #include <string.h>
5
6    int main(int argc, char *argv[])
7    {
8        char filename[80];
9        char msg[80];
10       FILE *fp;
```

```
11
12      if (argc == 1) {
13          printf("Input file name: ");
14          scanf("%s", filename);
15          while (getchar() != '\n')
16              continue;
17      }
18      else
19          strcpy(filename, argv[1]);
20
21      if ((fp = fopen(filename, "w")) == NULL) {
22          printf("\nCan't open file: %s", filename);
23          exit(0);
24      }
25
26      printf("\n\nEnter data to file %s:\n", filename);
27      printf("Press <RETURN> at the beginning to end!\n\n");
28      while (fgets(msg, 80, stdin) && (msg[0] != '\n'))
29          fprintf(fp,"%s", msg);
30
31      if (fclose(fp) != 0) {
32          printf("\nCan't close file %s\n", filename);
33          exit(0);
34      }
35
36      if ((fp = fopen(filename, "r")) == NULL) {
37          printf("\nCan't open file %s\n", filename);
38          exit(0);
39      }
40
41      printf("\nDatas in file %s :\n\n", filename);
42      while (fscanf(fp,"%s", msg) == 1)
43          puts(msg);
44
45      if (fclose(fp) != 0) {
46          printf("\nCan't close file %s\n", filename);
47          exit(0);
48      }
49
50      return 0;
51  }
```

程式中利用稍早前提過的命令列參數來讀取檔案名稱，如果使用者在執行時沒有提供檔名，那麼會由程式加以詢問：

```
if (argc == 1) {
    printf("input file name:");
    scanf("%s", filename);
    while (getchar() != '\n')
        continue;
}
else
    strcpy(filename, argv[1]);
```

這是一種比較親切的作法，本章的程式幾乎完全採用此種風格。

有了檔案名稱後，我們說過先要把檔案打開，執行此工作的標準 I/O 函式為 fopen()，該函式定義於 stdio.h 中，原型如下：

FILE *fopen(const char *filename, const char *mode);

參數 filename 即為檔案名稱，它可以是完整的路徑名稱或是簡單的檔名，如果沒有提供路徑 (path)，那麼系統將從目前的目錄下尋找該檔案。

另外一個參數 mode 則代表檔案開檔後的解譯模式，它是一個字串，允許如表 12-1 的常數：

表 12-1　檔案開啓模式

解譯模式	意義
"r"	檔案僅供讀取：當檔案不存在時，fopen() 將無法順利執行。
"w"	檔案可供寫入：若檔案原本已經存在，則該檔案的內容將遭清除。
"a"	檔案可供增添資料：檔案若不存在，則會另外建立一個新檔案。
"r+"	開啓檔案供讀／寫之用：若檔案不存在，fopen() 將發生錯誤。
"w+"	產生新檔案供讀／寫之用：若檔案原本已經存在，則其內容將遭清除而破壞。
"a+"	開啓檔案以供讀取與增添資料使用，增添的資料將接於原始檔案後面。
"rb", "wb", "ab", "rb+", "r+b", "wb+", "w+b", "ab+", "a+b"	分別對應於前面的模式，但應用於二進位檔。

　　我們慢慢會介紹各種模式間的差異及應用時機，上一範例中僅使用單純的 "w" 和 "r" 模式。函式 fopen() 將回傳指向 FILE 結構的指標，結構 FILE 同樣定義於 stdio.h 內，結構內容包括檔案處理代碼 (file handler)、緩衝區大小，以及其他相關的資訊；使用者並不需要在意其中的細節，只要遵循函式的運作方式，系統自然能夠處理得很好。

　　程式中必須宣告一個指向 FILE 的指標來保存 fopen() 的回傳值；我們通常以一般形式來開啟檔案：

```
FILE *fp;
if ((fp = fopen(filename, "w")) == NULL) {
    printf("Can't open file\n");
    exit(0);
}
```

　　檢查 fopen() 的回傳值是必要的，當 fopen() 無法順利打開檔案時，便會回傳 NULL，在這種情形下，我們可能立即終止程式，或是採取其他的對策。此處的函式 exit() 將能結束程式的執行。

　　如果 fopen() 成功地開啟檔案，那麼以後便可利用檔案指標 fp 來代表這個檔案，這種方式遠比透過檔案名稱加以指定來得有效率。

　　打開檔案之後，接著就可以對檔案做出讀寫的動作，範例中使用最基本的格式化 I/O 函式 fprintf() 與 fscanf()：

```
int fprintf(FILE *fp, ...);
int fscanf(FILE *fp, ...);
```

　　除了第一個參數外，其餘的格式化都和 printf() 及 scanf() 相同；這兩個函式輸入與輸出的對象都不再是螢幕或鍵盤，而是檔案，該檔案便由參數 fp 指定，而 fp 即是先前透過函式 fopen() 回傳的 FILE 指標。

　　有關程式的其他細節，您應該能夠理解，我們來看看執行結果：

```
Input file name: tmp.txt

Enter data to file tmp.txt:
Press <Enter> at the beginning to quit!

Good morning,<Enter>
Sir.<Enter>
How do<Enter>
you do ?<Enter>
<Enter>

Datum in file tmp.txt :

Good
morning,
Sir.
How
do
you
do
?

C:\Users\USER\Documents>type tmp.txt
Good morning, Sir. How do you do?
C:\Users\USER\Documents>dir tmp.txt
 磁碟區 C 中的磁碟沒有標籤。
 磁碟區序號:   6C87-EFC2

 目錄:  C:\Users\USER\Documents

2004/05/11  12:13p                     35 tmp.txt
              1 個檔案                  35 位元組
              0 個目錄       3,567,616 位元組可用
```

　　我們先從鍵盤上讀取資料，這些資料都會寫入檔案 tmp.txt 內，輸入的
過程一直持續到直接在列首按下 <Enter> 鍵為止；接下來程式又以 "r" 模式
開啟剛剛建立的 tmp.txt，並透過函式 fscanf() 將檔案內容讀出來。

　　最後我們還用 Windows 命令列的指令 dir 與 type 驗證檔案 tmp.txt 確實
存在 (注意！程式的目錄放在 C:\Users\USER\Documents)，而且保有正確的
內容。特別注意一點：當我們以 "w" 模式處理檔案時，如果原先就存在 tmp.
txt 這個檔案，那麼當程式結束後，您將再也無法取得原始的檔案，因為它
已經被重新輸入的資料取代了；所以在使用 "w" 模式時必須特別小心。

當我們完成檔案的處理後，千萬記得要用函式 fclose() 把檔案關閉：

int fclose(FILE *fp);

函式 fclose() 的動作不外乎清除緩衝區的內容、歸還記憶體空間、以及處理檔案系統的相關表格等等。

12.2　覆寫模式與連接模式

前一節中已經提過，檔案經由 "w" 模式開啓時將有危險性，除非您真的想要建立新檔；如果僅是為了修改檔案中某筆資料，最好是利用 "r+" 模式，它不僅允許讀取檔案內容，而且也可以覆寫 (overwrite) 檔案資料。

有時候我們希望直接把資料僅僅加諸於原始檔案後面，這時候就必須採用 "a" 或 "a+" 模式，底下有個範例：

```
1    /* ch12 append.c */
2    #include <stdio.h>
3    #include <stdlib.h>
4    #include <string.h>
5
6    int main(int argc, char *argv[])
7    {
8        char filename[80];
9        char msg[80];
10       FILE *fp;
11
12       if (argc == 1) {
13           printf("Input file name: ");
14           scanf("%s", filename);
15           while (getchar() != '\n')
16               continue;
17       }
18       else
19           strcpy(filename, argv[1]);
20
21       if ((fp = fopen(filename,"a+")) == NULL) {
22           printf("\nCan't open file: %s", filename);
23           exit(0);
24       }
25
```

```
26      printf("\n\nAppend data to file %s:\n", filename);
27      printf("Press <RETURN> at the beginning to end !\n\n");
28      while (fgets(msg, 80, stdin) && (msg[0] != '\n'))
29          fprintf(fp,"%s", msg);
30
31      rewind(fp);
32
33      printf("\nDatas in file %s:\n\n", filename);
34      while (fscanf(fp, "%s", msg) == 1)
35          puts(msg);
36
37      if (fclose(fp) != 0) {
38          printf("\nCan't close file %s\n", filename);
39          exit(0);
40      }
41      return 0;
42  }
```

程式 append.c 的架構幾乎與前面的 file_rw.c 相同，不過這次卻使用 "a+"
模式，不僅能增添資料於原始檔案後面；也可以在無需重新開檔的情況下就
進行讀取的動作。

檔案系統中會有個指標指向目前的檔案讀寫位置，這個位置就是讀寫動
作發生的地方，讀寫位置將隨檔案 I/O 函式的運作而隨之變化；程式中完成
增添資料動作以後，想要從檔案開頭把檔案內容取出來，這時就要利用函式
rewind()：

```
void rewind(FILE *fp);
```

函式 rewind() 可把讀寫位置拉回檔案開端，於是便能進行接下來的讀取
工作；底下為程式執行的情形：

```
C:\Users\USER\Documents>append
Input file name: tmp.txt

Append data to file tmp.txt:
Press <Enter> at the beginning to end

You <Enter>
are <Enter>
so beautiful.<Enter>
<Enter>
```

```
Data in file tmp.txt:

Good
morning,
Sir.
How
do
you
do
?
You
are
so
beautiful.

C:\Users\USER\Documents>type tmp.txt
Good morning, Sir. How do you do? You are so beautiful.
C:\Users\USER\Documents>dir tmp.txt
 磁碟區 C 中的磁碟沒有標籤。
 磁碟區序號： 6C87-EFC2

 目錄： C:\Users\USER\Documents

2004/05/11  12:18p                       57 tmp.txt
            1 個檔案                      57 位元組
            0 個目錄         2,502,656 位元組可用
```

　　我們把資料增添於前一節程式所建立的檔案 tmp.txt 後面，於是 tmp.txt 的長度將會變長，但原始的內容並不會消失。

　　模式 "a" 或 "a+" 將能確保原始檔案不被改變，因為利用這兩種模式開啟檔案時，每當發生寫入函式 (例如 fprintf()) 的動作時，讀寫位置都會自動移到檔案結尾處，而不管原來的讀寫位置在哪裡。基於這種特性，檔案內容根本沒有機會被覆蓋。如果真想增添資料並且修改檔案的內容，那麼 "r+" 模式會是最好的選擇。

12.3 文字檔與二進位檔

在 DOS 檔案系統下,檔案可有兩種解釋方法:文字檔 (text file) 與二進位檔 (binary file)。文字檔把檔案中每個位元組視為 ASCII 字元,而二進位檔則將檔案資料當作數值形式。譬如:整數型態的數值 10,若以格式化的文字檔來儲存,將分別由字元 '1' 與 '0' 構成,至於若採用 int 的二進位資料,則會儲存為二進位形式:

$$00000000 \ 00000000 \ 00000000 \ 00001010$$

C 程式看待文字檔與二進位檔時還有其他差異存在,最重要的是下列兩點:

第一、 檔案結尾:在 UNIX 與 Windows 系統下,均以檔案長度判定檔案是否已經終結;不過,Windows 還可以用文字模式來看待檔案,它會利用某個特殊字元來表示檔案的結束,這個字元就是 Ctrl-Z(即 ASCII 碼十進位值的 26)。當函式讀取到 Ctrl-Z 字元時,將認定該檔案已經結束,在此種情況下,程式取得的資料可能與檔案的實際長度不相吻合。

第二、 新行字元:C 語言乃利用單純的 '\n' 字元代表新的一行,而 Windows 卻以 '\r'(Carriage Return) 和 '\n'(Line Feed) 的組合 CR-LF 來表示換行;所以 C 程式與 Windows 檔案間就必須做個轉換。

假若 C 程式將 '\n' 寫入檔案中時,單一的 '\n' 字元將被寫成 CR-LF 的雙字元組合;另一方面,從磁碟中取出資料時,C 函式則會把 CR-LF 視為單一字元。

底下就來看看一些小實驗:

```
1    /* ch12 count_t.c */
2    #include <stdio.h>
3    #include <stdlib.h>
4    #include <string.h>
```

```
5
6    int main(int argc, char *argv[])
7    {
8        char filename[80];
9        char ch;
10       FILE *fp;
11       int count = 0;
12
13       if (argc == 1) {
14           printf("Input file name : ");
15           scanf("%s", filename);
16       }
17       else
18           strcpy(filename, argv[1]);
19
20       if ((fp = fopen(filename, "r")) == NULL) {
21           printf("\nCan't open file : %s\n", filename);
22           exit(0);
23       }
24
25       rewind(fp);
26
27       while (fscanf(fp, "%c", &ch) == 1)
28           count++;
29       printf("\nThere are %d characters.\n", count);
30
31       if (fclose(fp) != 0) {
32           printf("\nCan't close file %s\n", filename);
33           exit(0);
34       }
35
36       return 0;
37   }
```

程式中以文字模式 "r" 開啓一檔案，並計算檔案中字元的數目；執行如下：

```
C:\Users\USER\Documents>copy con test.txt
Notice
newline,
it may be
confused.
^Z
複製了            1 個檔案。

C:\Users\USER\Documents>type test.txt
Notice
newline,
it may be
confused.
```

```
C:\Users\USER\Documents>dir test.txt
磁碟區 C 中的磁碟沒有標籤。
磁碟區序號： 6C87-EFC2

目錄： C:\Users\USER\Documents

2004/05/11  12:21p                    40 test.txt
                 1 個檔案                40 位元組
                 0 個目錄        1,511,424 位元組可用
C:\Users\USER\Documents>count_t
Input file name : test.txt

There are 36 characters.
```

我們先用 Windows 下的命令提示字元的模式建立新檔 test.txt，檔案的建立在鍵入 ctrl-Z 後完成，我們再用 dir 命令查看 test.txt 時，看到檔案長度為 40 個位元組，結尾的 Ctrl-Z 字元並未計算在內。

當我們用程式 count_t.exe 計算 test.txt 的字元個數時，發現只出現 36 個字元，其間相差 4 個位元組；原因在於檔案中的 CR-LF 都會被 C 函式轉換成單一的 '\n' 字元。

若想確實讀取檔案內的每個位元組，就必須採用二進位模式來開啟檔案：

```
1    /* ch12 count_b.c */
2    #include <stdio.h>
3    #include <stdlib.h>
4    #include <string.h>
5
6    int main(int argc, char *argv[])
7    {
8        char filename[80];
9        char ch;
10       FILE *fp;
11       int count = 0;
12
13       if (argc == 1) {
14           printf("Input file name : ");
15           scanf("%s", filename);
16       }
17       else
18           strcpy(filename, argv[1]);
```

```
19
20     if ((fp = fopen(filename, "rb")) == NULL) {
21         printf("\nCan't open file : %s\n", filename);
22         exit(0);
23     }
24
25     rewind(fp);
26
27     while (fscanf(fp, "%c", &ch) == 1)
28         count++;
29     print("\nThere are %d characters.\n", count);
30
31     if (fclose(fp) != 0) {
32         printf("\nCan't close file %s\n", filename);
33         exit(0);
34     }
35
36     return 0;
37 }
```

這一次我們改用 'rb' 模式，'b' 是代表二進位 (binary) 的意思，執行的結果將有所不同：

```
C:\Users\USER\Documents>count_b
Input file name : test.txt

There are 40 characters.
```

果然是 40 個字元，二進位模式將可充分反應磁碟檔案內的資料。

12.4　檔案區段 I/O

當運作的資料為一區段 (Block)，如結構、陣列或結構陣列時，此時便可設定區段的大小及一次要拿多少個區段，比前幾個檔案的 I/O 更有效率，而此區段的 I/O 利用 fwrite 與 fread 作為寫入和讀取的函數，並且常設定檔案的格式為二進位模式，因為這些區段常常會有整數或浮點數的資料。fwrite() 原型為

size_t fwrite(const void *p, size_t size, size_t n, FILE *fptr);

　　其中，p 為欲寫入資料的位址，size 表示以位元組為計算單位的項目大小，n 為讀取項目的數目，fptr 為指向檔案結構的指標。

```
1    /* ch12 fwrite.c */
2    #include <stdio.h>
3    #include <stdlib.h>
4    void flushBuffer(void);
5
6    int main()
7    {
8        FILE *fptr;
9        struct node {
10           char name[20];
11           int score;
12       };
13       struct node student;
14
15       fptr = fopen("student.txt", "wb");
16       do {
17           printf("\nEnter name: ");
18           scanf("%s", student.name);
19           printf("Enter score: ");
20           scanf("%d", &student.score);
21           flushBuffer();
22
23           fwrite(&student, sizeof(student), 1, fptr);
24           printf("One more(y/n)? ");
25       } while (getchar() == 'y');
26       fclose(fptr);
27
28       return 0;
29   }
30
31   void flushBuffer()
32   {
33       while (getchar() != '\n')
34           continue;
35   }
```

　　程式中 fwrite 函數為

```
fwrite(&student, sizeof(student), 1, fptr);
```

　　第一個參數為 &student，表示哪一個區段將被寫入到檔案 student.rec 中，本範例為一結構 student，注意要傳其位址。

　　第二個參數為 sizeof(student)，計算此區段的大小，本範例乃計算屬於 node 結構的 student 大小。

　　第三個參數為 1，表示每次只寫入一個結構的內容。

　　第四個參數為 fptr，此為指向檔案的指標。

　　此程式執行的結果，首先要求使用者輸入資料，如下所示：

```
Enter name: Bright
Enter score: 93
One more(y/n)? y

Enter name: Linda
Enter score: 92
One more(y/n)? y

Enter name: Jennifer
Enter score: 94
One more(y/n)? y

Enter name: Amy
Enter score: 95
One more(y/n)? n
```

　　當資料皆寫入檔案後，使用者便可利用 fread 函數讀取之，fread 和 fwrite 的語法相同，在此不再贅述，請看範例。

```
1    /* ch12 fread.c */
2    #include <stdio.h>
3    #include <stdlib.h>
4
5    int main()
6    {
7        FILE *fptr;
8        struct node {
9            char name[20];
10           int score;
11       };
12       struct node student;
13       if ((fptr = fopen("student.txt", "rb")) == NULL) {
14           printf("Can\'t open file student.txt\n");
15           exit(1);
```

```
16        }
17        printf("name        score\n");
18        printf("================\n");
19        while (fread(&student, sizeof(student), 1, fptr) == 1)
20            printf("%-10s %3d\n", student.name, student.score);
21        fclose(fptr);
22
23        return 0;
24  }
```

程式中的 fread 表示從 fptr 所指的檔案 (student.rec) 中，每次讀一個大小為 sizeof(student) bytes 的資料，然後放在結構 student 所在的記憶體中 (或稱緩衝區)。

輸出結果如下：

```
name        score
================
Bright      93
Linda       92
Jennifer    94
Amy         95
```

12.5　檔案隨機存取

隨機存取 (random access) 的意思乃指我們可從檔案的任何位置開始做讀寫資料的動作，ANSI C 函式庫中就有這麼一個函式 fseek()，它能把讀寫位置移動到檔案任何位置，而使接下來的 I/O 動作就發生於該處。

函式 fseek() 的原型是這樣的：

int fseek(FILE *fp, long offset, int origin);

函式 fseek() 作用的對象由 fp 指定，結果會把讀寫位置，移至距離參考點 origin 處加上位移值 offset 的地方，offset 這個位移值可正可負，正值代表向後移動，負值則為向前移動，0 值即表示 origin 的所在，位移值的單位是位元組數目。

至於參數 origin 僅允許下列三個常數值，如表 12-2 所示：

表 12-2　fseek 函式中 origin 參數的常數值

常數	數值	參考點
SEEK_SET	0L	檔案開頭
SEEK_CUR	1L	檔案目前位置
SEEK_END	2L	檔案結尾

我們來看一個例子：

```
1    /* ch12 seek.c */
2    #include <stdio.h>
3    #include <stdlib.h>
4    #define NUM 5
5    #define filename "data.dbf"
6
7    struct client {
8        char name[8];
9        char id[8];
10       int age;
11       int weight;
12   };
13
14   int main()
15   {
16       FILE *fp;
17       int i;
18       struct client who[NUM] = {{"John", "1575",2 3,60},
19                   {"Mary", "6214", 35,43},
20                   {"Foley", "1207", 44,55},
21                   {"Peter", "5886", 22,51},
22                   {"White", "0402", 17,59}};
23       struct client set[NUM];
24       struct client unit;
25
26       if ((fp = fopen(filename, "wb+")) == NULL) {
27           printf("\nCan't open file : %s\n", filename);
28           exit(0);
29       }
30
31       fwrite(who, sizeof(struct client), NUM, fp);
32       printf("\nFile %s created...\n", filename);
33
34       rewind(fp);
```

```
35      fread(set, sizeof(struct client), NUM, fp) ;
36
37      printf("\nDATA LISTING ...\n\n");
38      printf("  NUMBER        NAME          ID      AGE    WEIGHT");
39      printf("\n\n");
40      for (i=0; i<NUM; i++) {
41          printf("     #%d", i+1);
42          printf("     %8s    %8s", set[i].name, set[i].id);
43          printf("     %5d %8d", set[i].age, set[i].weight);
44          printf("\n");
45      }
46
47      printf("\n\nDATA LISTING BACKWARD ...\n\n");
48      printf("  NUMBER        NAME          ID      AGE    WEIGHT");
49      printf("\n\n");
50      for (i=NUM-1; i>=0; i--) {
51          fseek(fp, i * sizeof(struct client), SEEK_SET);
52          fread(&unit, sizeof(struct client), 1, fp);
53          printf("     #%d", i+1);
54          printf("     %8s    %8s", set[i].name, set[i].id);
55          printf("     %5d %8d", set[i].age, set[i].weight);
56          printf("\n");
57      }
58
59      return 0;
60  }
```

　　我們曾經使用過本程式中的資料，當時正在介紹結構的用法；現在我們要把這些資料存進檔案 data.dbf 中，首先是

```
fwrite(who, sizeof(struct client), NUM, fp);
```

　　函式 fwrite() 允許我們一次就把整個結構陣列寫到檔案之內；接下來我們用 rewind() 把讀寫位置移回檔案開頭，其實也可改用 fseek()：

```
fseek(fp, 0, SEEK_SET);
```

　　利用同樣的方法，而以函式 fread() 將整個資料同時取出：

```
fread(set, sizeof(struct client), NUM, fp);
```

　　參數 set 是個指標，它必須指向已配置的記憶體空間，fread() 便會將讀入的資料放到這塊記憶體內。

前面採取的是循序 (sequential) 的方式，接下來的 for 迴圈則採取隨機存取的技巧，而從最後一個結構資料往前拿：

```
for (i=NUM-1; i>=0; i--) {
    fseek(fp, i*sizeof(struct client), SEEK_SET);
    fread(&unit, sizeof(struct client), 1, fp);
    ...
}
```

我們可先觀察出：每個結構的開端都是位於 sizeof(struct client) 的整數倍位元組上；所以這種以 SEEK_SET(檔案開頭) 作為參考點，而用遞減的註標值 i 來控制位移值。

底下就是執行結果：

```
File data.dbf created...

DATA LISTING ...

  NUMBER       NAME         ID        AGE         WEIGHT

   #1          John        1575        23           60
   #2          Mary        6214        35           43
   #3          Foley       1207        44           55
   #4          Peter       5886        22           51
   #5          White       0402        17           59

DATA LISTING BACKWARD ...

  NUMBER       NAME              ID        AGE        WEIGHT

   #5          White        0402        17           59
   #4          Peter        5886        22           51
   #3          Foley        1207        44           55
   #2          Mary         6214        35           43
   #1          John         1575        23           60
```

利用 fseek()，我們將可以任意取得檔案中的資料。與 fseek() 有關的另一個函式就是 ftell()，原型如下：

long ftell(FILE *fp);

函式 ftell() 將回傳檔案目前的讀寫位置，這個值為 long 型態。

　　在此必須特別提醒您：使用 fseek() 或 ftell() 時，指明的位移值都是檔案中實際的位元組數目；如果以文字模式開啟檔案，則可能因為 CR-LF 的緣故，而導致函式的回傳值和動作將與您的預期互相砥觸。在此建議您：欲使用 fseek() 或 ftell() 時，應該盡可能使用二進位模式來開啟檔案。

12.6　摘要

　　本章介紹 C 語言中檔案的處理方式。當我們欲對某個檔案進行存取時，首先需以 fopen() 函式將檔案「打開」，然後才能執行實際的讀寫動作，最後別忘了把檔案「關閉」。我們特別強調文字檔與二進位檔的不同，最重要的差異便是檔案結尾與新列字元的處理；另外也說明了二進位檔案優於文字檔的地方。最後則介紹檔案隨機存取的方式，有了這種技巧，使得我們能對檔案做出更多的處理動作。

12.7 上機練習

1.

```
1    //p12-1.c
2    #include <stdio.h>
3    int main()
4    {
5        FILE *fptr;
6        char ch;
7        fptr = fopen("test.dat", "w");
8        printf("write data into file....press [enter] to quit\n");
9        while((ch = getchar()) != '\n')
10           fputc(ch, fptr);
11       fclose(fptr);
12
13       fptr = fopen("test.dat", "r");
14       printf("\n\n");
15       printf("read data from file....\n");
16       while((ch = fgetc(fptr)) != EOF)
17           printf("%c", ch);
18       fclose(fptr);
19       printf("\n");
20
21       return 0;
22   }
```

2.

```
1    //p12-2.c
2    #include <stdio.h>
3    int main()
4    {
5        FILE *fptr;
6        char ch;
7        fptr = fopen("test.dat", "w+");
8        printf("write data into file....press [enter] to quit\n");
9        while((ch = getchar()) != '\n')
10           fputc(ch, fptr);
11       rewind(fptr);
12       printf("\n\n");
13
14       printf("read data from file....\n");
15       while((ch = fgetc(fptr)) != EOF)
16           printf("%c", ch);
17       fclose(fptr);
18       printf("\n");
19
20       return 0;
21   }
```

3.

```
1   //p12-3.c
2   #include <stdio.h>
3   #include <string.h>
4
5   int main()
6   {
7       FILE *fptr;
8       char str[81];
9       fptr = fopen("str.dat", "w+");
10      printf("write strings into file, and press double [enter] to
                                          quite\n");
11      while(strlen(gets(str)) > 0) {
12          fputs(str, fptr);
13          fputs("\n", fptr);
14      }
15      rewind(fptr);
16
17      printf("read strings from file\n");
18      while(fgets(str, 80, fptr) != NULL)
19          printf("%s", str);
20      fclose(fptr);
21
22      return 0;
23  }
```

12.8　除錯題

1.

```
1   //d12-1.c
2   #include <stdio.h>
3
4   int main()
5   {
6       file *fptr;
7       char name[50];
8       int score_c;
9       fptr = fopen("student.dat", 'w');
10      printf(" 輸入成績為 0, 程式將結束 ...\n");
11      printf(" 請輸入姓名 : ");
12      scanf("%s", name);
13      printf(" 請輸入 C 語言成績 :");
14      scanf("%d", &score_c);
15      while (score_c != 0) {
16          fprintf(fptr, "%s %d", name, score_c);
17          printf(" 請輸入姓名 : ");
18          scanf("%s", name);
19          printf(" 請輸入 C 語言成績 :");
20          scanf("%d", &score_c);
21      }
22      fclose(student.dat);
23
24      return 0;
25  }
```

2.

```
1   //d12-2.c
2   #include <stdio.h>
3
4   int main()
5   {
6       FILE *fptr;
7       char name [50];
8       int score_c;
9       fptr = fopen("student.dat", "r");
10      printf(" 姓名 C 語言成績 \n" );
11      printf("=====================\n");
12
13      while (fscanf(fptr, "%s %d", name, score_c) == EOF) {
14          printf("%-8s %8d\n",name,score_c);
15      }
16      printf("=====================\n");
17      fclose(fptr);
18
19      return 0;
20  }
```

12.9　程式實作

1.　試撰寫一程式，計算某一檔案內共有多少個字元、空白、跳行。

2.　利用 fseek() 函式隨機搜尋檔案內的某一筆資料。

個案研究

13.1　實例探討

看完了前面的十二個章節後，相信讀者應該對 C 有一定的了解，為了能讓你融會貫通，學以致用，本章實例是幾乎利用了前面所有章節的概念，加以撰寫而成的，若有遇到不懂的地方，請自行參閱其對應的章節。

範例 case_study.c 中，我們以鏈結串列來建立一有關學生 C 語言的成績記錄，此記錄包含學生的學號、姓名、平時考與作業 (共佔 30%)、期中考分數 (佔 30%)，及期末考分數 (佔 40%)。這些比重讀者若有需要也可以自行調整之。

學生的記錄宣告如下：

```
struct student {
    char id[8];              /* 學號 */
    char name[10];           /* 姓名 */
    double temp_score;       /* 平時考與作業 */
    double mid_score;        /* 期中考分數 */
    double final_score;      /* 期末考分數 */
    struct student *next;
};
```

此結構共有六個項目，分別是學號 (id)、姓名 (name)、平時考及作業成績 (temp_score)、期中考分數 (mid_score)、期末考分數 (final_score)，以及指向 struct student 的 next 指標。完整的程式如下：

```
1   /* ch13 case_study.c */
2   /* Using Dev-C++ compiler*/
3   #include <stdio.h>
4   #include <stdlib.h>
5   #include <string.h>
6   #include <ctype.h>
7
8   #define TRUE 1
9   #define TEMP_PERCENT    0.30
10  #define MID_PERCENT     0.30
11  #define FINAL_PERCENT   0.40
12
13  struct student {
14      char id[8];                /* 學號 */
```

```
15      char name[10];        /* 姓名 */
16      double temp_score;    /* 平時考與作業 */
17      double mid_score;     /* 期中考分數 */
18      double final_score;   /* 期末考分數 */
19      struct student *next;
20  };
21
22  struct student  *head, *prev, *current, *ptrnew, *fdata_n;
23  FILE *fptr;
24  char fname[20];
25  void insert(void);
26  void del(void);
27  void query(void);
28  void modify(void);
29  void display(void);
30  double calaverage(struct student *);
31  void flushBuffer(void);
32
33  int main()
34  {
35      char ch;
36      head = (struct student *)malloc(sizeof(struct student ));
37      head->next = NULL;
38
39      while(TRUE) {
40          printf("\n****************************");
41          printf("\n* Type 'i' to enter data   *");
42          printf("\n*      'd' to delete data  *");
43          printf("\n*      'q' to query data   *");
44          printf("\n*      'm' to modify data  *");
45          printf("\n*      'l' to list data    *");
46          printf("\n*      'e' to exit         *");
47          printf("\n****************************");
48          printf("\nplease enter your choice: ");
49
50          ch = tolower(getchar());
51          flushBuffer();
52          switch(ch) {
53              case 'i' :
54                  insert();
55                  break;
56              case 'd' :
57                  del();
58                  break;
59              case 'q':
60                  query();
61                  break;
62              case 'm':
```

```
63                    modify();
64                    break;
65              case 'l' :
66                    display();
67                    break;
68              case 'e' :
69                    exit(0);
70              default  :
71                    printf("\nPlease select one choice: \n");
72          }
73      }
74
75      return 0;
76 }
77
78 /* insert function */
79 void insert()
80 {
81     ptrnew = (struct student *) malloc(sizeof(struct student ));
82
83     /* head is always empty */
84     /* add a node to list front */
85
86     printf("\nEnter ID            : ");
87     scanf("%s", ptrnew -> id);
88     printf("Enter name           : ");
89     scanf("%s", ptrnew -> name);
90     printf("Enter Temp Score     : ");
91     scanf("%lf", &ptrnew -> temp_score);
92     printf("Enter Mid Score      : ");
93     scanf("%lf", &ptrnew -> mid_score);
94     printf("Enter Final Score    : ");
95     scanf("%lf", &ptrnew -> final_score);
96     flushBuffer();
97
98     /* insert algorithm */
99     ptrnew->next = head->next;
100    head->next = ptrnew;
101 }
102
103 /* delete function */
104 void del()
105 {
106    char id[8];
107    double average;
108    printf("\nWhat student ID do you want to delete ? ");
109    scanf("%s", id);
110    flushBuffer();
```

```
111     prev=head;
112     current=head->next;
113     while (current != NULL && strcmp(current->id, id) != 0) {
114         prev=current;
115         current=current->next;
116     }
117
118     if (current == NULL) {
119         printf("Data not found\n");
120         return;
121     }
122
123     printf("\n\n 學號      姓名           平時考與作業 ");
124     printf("  期中考   期末考   平均分數 ");
125     printf("\n ------- ---------  ------------  ");
126     printf("------  ------  --------\n");
127     printf("  %-7s", current -> id);
128     printf("  %-10s", current -> name);
129     printf("  %-13.1f", current -> temp_score);
130     printf("  %-6.1f", current -> mid_score);
131     printf("  %-6.1f", current -> final_score);
132
133     average = calaverage(current);
134     printf(" %5.1f\n", average);
135
136     printf("\nAre you sure to delete this record? (Y/N) : ");
137     if (toupper(getchar()) == 'Y'){
138         prev->next=current->next;
139         free(current);
140           printf("\nRecord deleted.\n");
141     }
142     else
143         printf("\nRecord not deleted.\n");
144 }
145
146 /* query function */
147 void query()
148 {
149     char id[8];
150     double average;
151     printf("\nWhich student ID do you want to query? ");
152     scanf("%s", id);
153     flushBuffer();
154     current=head->next;
155     while (current != NULL && strcmp(current->id, id))
156         current=current->next;
157
158     if (current ==NULL) {
```

```
159          printf("Data is not found\n");
160          return;
161      }
162      printf("\n\n 學號        姓名              平時考與作業 ");
163      printf("  期中考    期末考    平均分數 ");
164      printf("\n ------- ---------   -------------   ");
165      printf("------  ------   --------\n");
166      printf("  %-7s", current -> id);
167      printf("  %-10s", current -> name);
168      printf("  %-13.1f", current -> temp_score);
169      printf("  %-6.1f", current -> mid_score);
170      printf("  %-6.1f", current -> final_score);
171
172      average = calaverage(current);
173      printf(" %5.1f\n", average);
174 }
175
176 /* midify function */
177 void modify()
178 {
179      char id[8];
180      printf("\nWhich student ID do you want to modify? ");
181      scanf("%s", id);
182      flushBuffer();
183      current=head->next;
184      while (current != NULL && strcmp(current->id, id))
185          current=current->next;
186
187      if (current ==NULL) {
188          printf("Data is not found\n");
189          return;
190      }
191      /* input new data */
192      printf("\nEnter ID            : ");
193      scanf("%s", current->id);
194      printf("Enter name          : ");
195      scanf("%s", current->name);
196      printf("Enter Temp Score    : ");
197      scanf("%lf", &current->temp_score);
198      printf("Enter Mid Score     : ");
199      scanf("%lf", &current->mid_score);
200      printf("Enter Final Score   : ");
201      scanf("%lf", &current->final_score);
202      flushBuffer();
203 }
204
205 /* list function */
206 void display()
```

```
207 {
208     double average;
209     if (head -> next == NULL)
210         printf("\n list is empty\n");
211     else {
212         printf("\n\n 學號        姓名              平時考與作業 ");
213         printf("   期中考   期末考   平均分數 ");
214         printf("\n  -------  ---------   ------------   ");
215         printf("------   ------   --------\n");
216         current = head->next;
217         while (current != NULL){
218             printf("  %-7s", current -> id);
219             printf("  %-10s", current -> name);
220             printf("  %-13.1f", current -> temp_score);
221             printf("  %-6.1f", current -> mid_score);
222             printf("  %-6.1f", current -> final_score);
223
224             average = calaverage(current);
225              printf(" %5.1f\n", average);
226             current = current -> next;
227         }
228     }
229 }
230
231 double calaverage(struct student *current)
232 {
233     double avg;
234     avg = current -> temp_score * TEMP_PERCENT +
235           current -> mid_score * MID_PERCENT +
236           current -> final_score * FINAL_PERCENT;
237     return avg;
238 }
239
240 void flushBuffer()
241 {
242     while (getchar() != '\n')
243         continue;
244 }
```

　　程式中共有六項功能，分別為加入、刪除、查詢、更新、顯示，以及結束等功能。由於考量程式簡潔之問題，因此程式中並未提到有關檔案輸出入的部分，這部分留給各位當作本章程式設計的習題。接下來，我們將針對每一項功能加以剖析之。

1. 加入 (insert) 的功能

此處的加入都將資料加在串列的前端，我們假設此處串列的第一個
節點，亦即 head 所指向的節點是不存放資料的，所以加入的節點皆
加在 head 所指向節點的後面，如有一串列如下，並將 ptrnew 所指向
的節點加入串列的前端，其加入的演算法如下：

```
/* insert algorithm */
ptrnew->next = head->next;      /* ① */
head->next = ptrnew;            /* ② */
```

圖形表示如下：

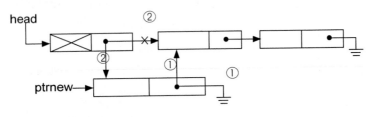

其中

表示不存放資料，此處以

```
┌──────┬──────┐
│ data │ next │
└──────┴──────┘
```
表示結構的項目概念。

2. 刪除 (delete) 的功能

此處的刪除需使用者鍵入學生的學號，若此學生的學號不存在，則
顯示 "Data is not found"；否則，以下列的片段程式刪除之。

```
prev = head;
current = head->next;
while (current != NULL && strcmp(current->id, id) != 0) {
    prev = current;
    current = current->next;
}
```

若找到欲刪除的節點，其圖形表示如下：

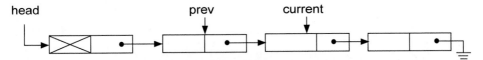

上述的片段程式乃在搜尋欲刪除的節點，即 current 所指向的節點。
之後，再利用以下的敘述，將 current 回收。

```
prev->next = current->next;
free(current);
```

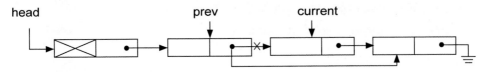

3. **查詢 (query) 功能**

首先，使用者需鍵入欲查詢的學生學號，利用下列的迴圈敘述就可
以找到或確定其不存在。

```
current = head->next;
while (current != NULL && strcmp(current->id, id) != 0)
    current = current->next;
```

上述片段程式中，由於 head 所指向的第一個節點是不存放資料的，
所以需要將 head->next 指定給 current。

4. **更新 (modify) 的功能**

更新功能的寫法與查詢功能類似，只需要鍵入更新的資料而已。

5. **顯示 (display) 的功能**

顯示的功能最簡單了，首先我們將 head->next 指定給 current，假若
current 所指向的節點不是空的，則顯示出該節點的內容，接著再將
current -> next 指定給 current，判斷 current 是否為 NULL。迴圈將於
current 為 NULL 時結束。

6. **結束 (exit)**

結束功能也很簡單。當我們鍵入 'e' 的時候，就會執行 exit() 函數將程式結束。

此處我們希望讀者能親自動手操作一次，您可以這樣做：

1. 加入二筆資料後，將結果顯示出來。
2. 查詢某一筆資料。
3. 刪除某一筆資料後，將結果顯示出來。
4. 更新某一筆資料後，將結果顯示出來。
5. 再加入一筆資料，將結果顯示出來。
6. 結束程式的執行。

以下是此程式的輸出樣本，請參考：

```
**************************
* Type 'i' to enter data  *
*      'd' to delete data *
*      'q' to query data   *
*      'm' to modify data *
*      'l' to list data    *
*      'e' to exit         *
**************************
please enter your choice: i

Enter ID           : 1001
Enter name         : Bright
Enter Temp Score   : 91
Enter Mid Score    : 92
Enter Final Score  : 93

**************************
* Type 'i' to enter data  *
*      'd' to delete data *
*      'q' to query data   *
*      'm' to modify data *
*      'l' to list data    *
*      'e' to exit         *
**************************
please enter your choice: i
```

```
Enter ID            : 1002
Enter name          : Linda
Enter Temp Score    : 90
Enter Mid Score     : 93
Enter Final Score   : 96

***************************
* Type 'i' to enter data  *
*      'd' to delete data *
*      'q' to query data  *
*      'm' to modify data *
*      'l' to list data   *
*      'e' to exit        *
***************************
please enter your choice: l
```

學號	姓名	平時考與作業	期中考	期末考	平均分數
1002	Linda	90.0	93.0	96.0	93.3
1001	Bright	91.0	92.0	93.0	92.1

```
***************************
* Type 'i' to enter data  *
*      'd' to delete data *
*      'q' to query data  *
*      'm' to modify data *
*      'l' to list data   *
*      'e' to exit        *
***************************
please enter your choice: q

Which student ID do you want to query? 1001
```

學號	姓名	平時考與作業	期中考	期末考	平均分數
1001	Bright	91.0	92.0	93.0	92.1

```
***************************
* Type 'i' to enter data  *
*      'd' to delete data *
*      'q' to query data  *
*      'm' to modify data *
*      'l' to list data   *
*      'e' to exit        *
***************************
please enter your choice: i
```

```
Enter ID          : 1003
Enter name        : Peter
Enter Temp Score  : 60
Enter Mid Score   : 60
Enter Final Score : 60

**************************
* Type 'i' to enter data  *
*      'd' to delete data *
*      'q' to query data   *
*      'm' to modify data  *
*      'l' to list data    *
*      'e' to exit         *
**************************
please enter your choice: l
```

學號	姓名	平時考與作業	期中考	期末考	平均分數
1003	Peter	60.0	60.0	60.0	60.0
1002	Linda	90.0	93.0	96.0	93.3
1001	Bright	91.0	92.0	93.0	92.1

```
**************************
* Type 'i' to enter data  *
*      'd' to delete data *
*      'q' to query data   *
*      'm' to modify data  *
*      'l' to list data    *
*      'e' to exit         *
**************************
please enter your choice: d

What student ID do you want to delete ? 1003
```

學號	姓名	平時考與作業	期中考	期末考	平均分數
1003	Peter	60.0	60.0	60.0	60.0

```
Are you sure to delete this record? (Y/N) : y

Record deleted.

**************************
* Type 'i' to enter data  *
*      'd' to delete data *
```

```
*       'q' to query data    *
*       'm' to modify data   *
*       'l' to list data     *
*       'e' to exit          *
*************************
please enter your choice: l

Please select one choice:

*************************
* Type 'i' to enter data    *
*       'd' to delete data   *
*       'q' to query data    *
*       'm' to modify data   *
*       'l' to list data     *
*       'e' to exit          *
*************************
please enter your choice: l
```

學號	姓名	平時考與作業	期中考	期末考	平均分數
1002	Linda	90.0	93.0	96.0	93.3
1001	Bright	91.0	92.0	93.0	92.1

```
*************************
* Type 'i' to enter data    *
*       'd' to delete data   *
*       'q' to query data    *
*       'm' to modify data   *
*       'l' to list data     *
*       'e' to exit          *
*************************
please enter your choice: l
```

學號	姓名	平時考與作業	期中考	期末考	平均分數
1002	Linda	90.0	93.0	96.0	93.3
1001	Bright	91.0	92.0	93.0	92.1

```
*************************
* Type 'i' to enter data    *
*       'd' to delete data   *
*       'q' to query data    *
*       'm' to modify data   *
*       'l' to list data     *
*       'e' to exit          *
```

```
***************************
please enter your choice: m

Which student ID do you want to modify? 1001

Enter ID          : 1001
Enter name        : Bright
Enter Temp Score  : 99
Enter Mid Score   : 98
Enter Final Score : 97

***************************
* Type 'i' to enter data  *
*      'd' to delete data *
*      'q' to query data  *
*      'm' to modify data *
*      'l' to list data   *
*      'e' to exit        *
***************************
please enter your choice: l


    學號        姓名           平時考與作業      期中考    期末考    平均分數
    -------   ---------    -----------    ------   ------   --------
    1002      Linda        90.0           93.0     96.0     93.3
    1001      Bright       99.0           98.0     97.0     97.9

***************************
* Type 'i' to enter data  *
*      'd' to delete data *
*      'q' to query data  *
*      'm' to modify data *
*      'l' to list data   *
*      'e' to exit        *
***************************
please enter your choice: e
```

13.2　程式實作

1.　上例的實例探討，加入的動作乃是加在串列的前端，請修改加入的功能，依照平均分數由大到小加入。

2.　請將範例程式 case_study.c 中加入檔案的讀取與寫入功能，並加以測試之。

　　【提示：程式一開始執行時先請使用者輸入一檔名，若此檔案已存在，則會顯示檔案中資料筆數與內容；若不存在，則會以該檔名建立一新的檔案】。

NOTE ::::::

附錄 A

Dev-C++ 使用說明

A.1 如何下載 Dev-C++ 編譯器

由於 Dev-C++ 編譯器是屬於 free software，因此您可以到它的專屬網站下載，其網站為 http://www.bloodshed.net/。

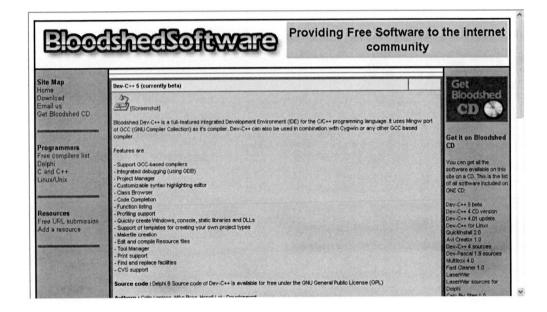

A.2　如何設定中文畫面

在使用 Dev-C++ 編譯器之前,您可以依據您的喜好先設定介面的語言,這樣使用起來會更加的方便哦!本書以繁體中文為例。

1. 開啟 Dev-C++ 應用程式,從畫面中可以得知 Dev-C++ 預設的語言為英文。

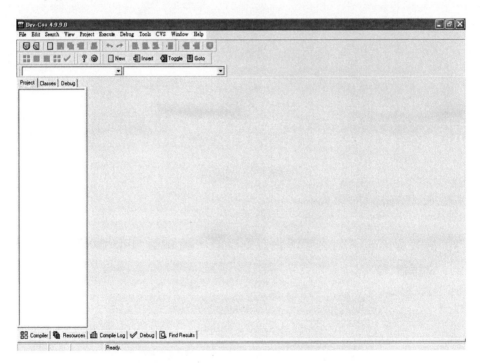

2. 點選功能表 "Tools/Environment Options" 來更改介面之語言。

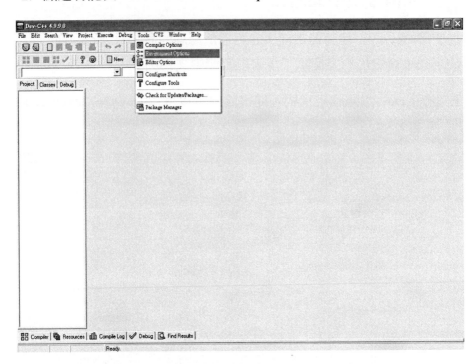

3. 接著會出現下列之環境設定對話盒，請點選 "Interface" 標籤頁來設定語言。

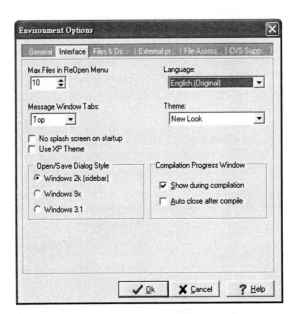

4. 接著將 "Language" 的選項更改為 "Chinese[TW]"，並按下 OK 確定。

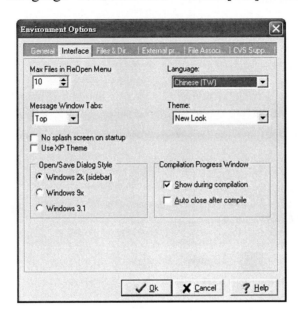

5. 這樣一來，恭喜您，您已經將 Dev-C++ 應用程式的介面更改為繁體中文。接著您就可以更方便的使用它了！

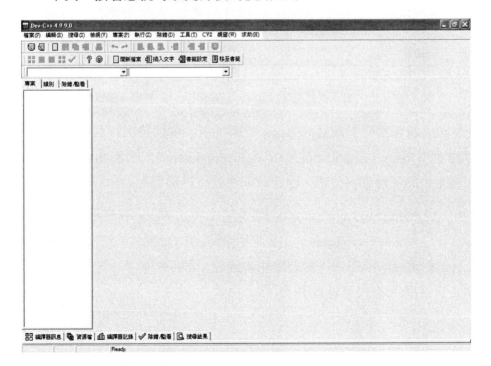

A.3   程式之編譯與執行

一、單一檔案之建立

1. 開啟 Dev-C++ 應用程式。

2. 點選功能表「檔案 / 開新檔案 / 專案」來建立新的專案。

Step1：選擇專案的型態，並輸入專案名稱。

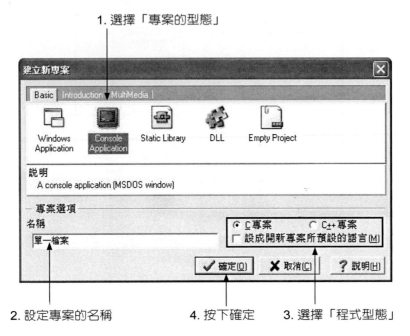

1. 選擇「專案的型態」

2. 設定專案的名稱　　　　4. 按下確定　　　3. 選擇「程式型態」

註 在建立新專案的對話盒的 Basic 標籤頁中，可以發現有五種專案型態，
其中 Windows Application、Console Application，以及 Empty project 是
較常用的三種專案型態，因此以下會就這三種型態做一解釋。

1. Windows Application：主要是用來建立 Windows 應用程式之專案。

2. Console Application：主要是用來建立 DOS 模式的應用程式之專案。

3. Empty Project：主要是用來建立一個空的專案，來讓使用者自行
   加入程式至專案中。

Step2：按下「確定」後，程式會要求使用者儲存專案。

Step3：專案儲存完畢之後，系統會建立一個名為「單一檔案」的專案，並且此專案會包含一個預設為 main.c 的檔案。

Step4：接著您就可以輸入所要寫的程式，此處是以一支可印出 "Hello
World!!" 的程式為例。

Step5：接著就可以編譯 C 程式，點選功能表「執行／編譯」。

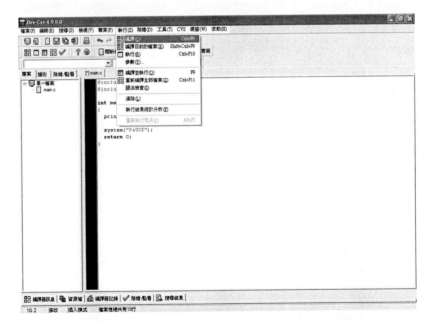

註 在編譯之前，程式會要求使用者先儲存此 C 語言程式檔案。

Step6：編譯完成後會出現下列的訊息。

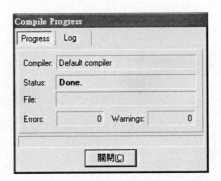

Step7：程式編譯完後，接著就可以執行此程式。點選功能表「執行/執行」。

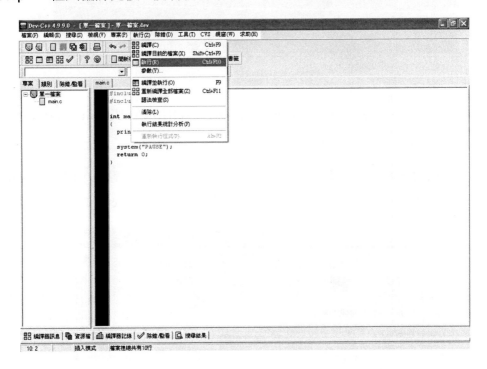

Step8：該程式執行後的結果，如下圖所示：

二、多個檔案之建立

將多個 C 語言程式檔案加入 project 中（以九九乘法表 (multiply.c) 與 printstar (printstar.c)）為例：

Step1：點選功能表「檔案 / 開新檔案 / 專案」來建立新的專案，由於此例是要加入多個檔案至專案中，因此選擇「Empty Project」的專案型態。

註 在點選「確定」之後，系統仍然會要求您儲存專案。

Step2：點選功能表「專案 / 將檔案加入專案」，來將欲加入 project 的檔案
　　　　新增至專案中。

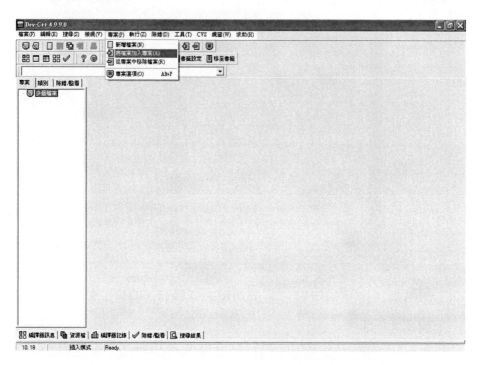

Step3：選擇欲加入的檔案，分別為 multiply.c 與 printstar.c。

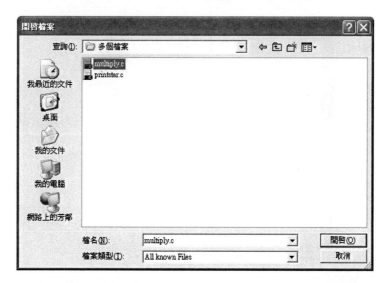

Step4：加入完成後之畫面，如下所示：

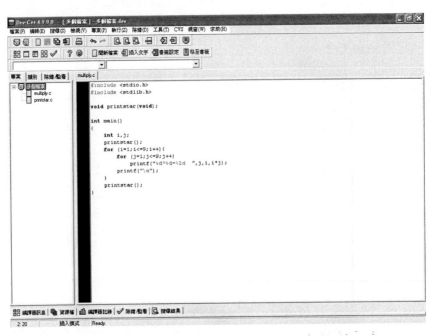

Step5：接著編譯這二個檔案，點選功能表「執行 / 編譯」或「執行 / 重新編譯全部檔案」。

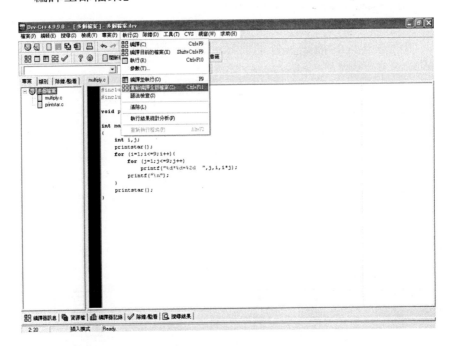

Step6：程式編譯完後，接著就可以執行此程式。點選功能表「執行/執行」。

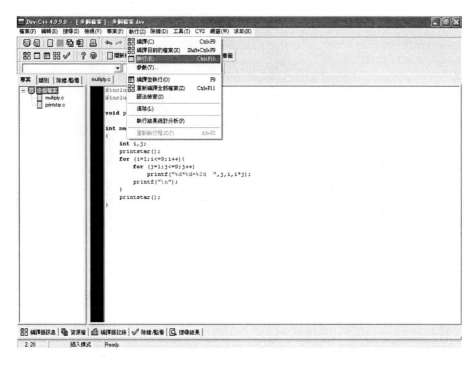

Step7：該程式執行後的結果，如下圖所示：

以下是 multiply.c 及 printstar.c 程式碼內容

multiply.c

```
1    #include <stdio.h>
2    #include <stdlib.h>
3
4    void printstar(void);
5
6    int main()
7    {
8        int i,j;
9        printstar();
10       for (i=1;i<=9;i++){
11           for (j=1;j<=9;j++)
12               printf("%d*%d=%2d  ",j,i,i*j);
13           printf("\n");
14       }
15       printstar();
16
17       return 0;
18   }
```

printsrat.c

```
1    void printstar(void)
2    {
3        int a;
4        for(a=1;a<=72;a++)
5            printf("*");
6        printf("\n");
7    }
```

附錄 B

C 語言運算子的運算優先順序與結合性

運算子	結合性	運算優先順序
(1) ( ) [ ] ->	由左至右	高
(2) ! ~ ++ -- - (type) * & sizeof	由右至左	
(3) * / %	由左至右	
(4) + -	由左至右	
(5) << >>	由左至右	
(6) < <= > >=	左至右	
(7) == !=	由左至右	
(8) &	由左至右	
(9) ^	由左至右	
(10)		由左至右	
(11) &&	由左至右	
(12) ||	由左至右	
(13) ?:	由右至左	
(14) += -= *= /= %= =	由右至左	
(15) ,	由左至右	低

解　說

(1) 列中 ( ) 為函數的符號，[ ] 為陣列符號，-> 、. 為結構的成員運算子。

(2) 列中的 * 為指標，- 為負號，& 為位址運算子。

(3) 列中的 * 為乘法。

(4) 列中的 + 為加法，- 為減法。

附錄 C

ASCII 字元碼

十進位碼	八進位碼	十六進位碼	字元	按鍵	Use in C
0	00	0x0		Ctrl @	
1	01	0x1	☺	Ctrl A	
2	02	0x2	☻	Ctrl B	
3	03	0x3	♥	Ctrl C	
4	04	0x4	♦	Ctrl D	
5	05	0x5	♣	Ctrl E	
6	06	0x6	♠	Ctrl F	
7	07	0x7	·	Ctrl G	Beep
8	010	0x8	▫	Backspace	Backspace
9	011	0x9		Tab	Tab
10	012	0xa		Ctrl J	Linefeed (newline)
11	013	0xb	♂	Ctrl K	Vertical Tab
12	014	0xc	♀	Ctrl L	Form feed
13	015	0xd	♪	Ctrl M	Carriage Return
14	016	0xe	♫	Ctrl N	
15	017	0xf	☼	Ctrl O	
16	020	0x10	►	Ctrl P	
17	021	0x11	◄	Ctrl Q	
18	022	0x12	↕	Ctrl R	
19	023	0x13	‼	Ctrl S	
20	024	0x14	¶	Ctrl T	
21	025	0x15	§	Ctrl U	
22	026	0x16	▬	Ctrl V	
23	027	0x17	↕	Ctrl W	
24	030	0x18	↑	Ctrl X	
25	031	0x19	↓	Ctrl Y	
26	032	0x1a	→	Ctrl Z	
27	033	0x1b	←	Esc	Escape

十進位碼	八進位碼	十六進位碼	字元	按鍵	Use in C
28	034	0x1c	∟	Ctrl \	
29	035	0x1d	↔	Ctrl]	
30	036	0x1e	▲	Ctrl ^	
31	037	0x1f	▼	Ctrl -	
32	040	0x20		Space	
33	041	0x21	!	!	
34	042	0x22	"	"	
35	043	0x23	#	#	
36	044	0x24	$	$	
37	045	0x25	%	%	
38	046	0x26	&	&	
39	047	0x27	'	'	
40	050	0x28	(	(	
41	051	0x29	)	)	
42	052	0x2a	*	*	
43	053	0x2b	+	+	
44	054	0x2c	,	,	
45	055	0x2d	-	-	
46	056	0x2e	.	.	
47	057	0x2f	/	/	
48	060	0x30	0	0	
49	061	0x31	1	1	
50	062	0x32	2	2	
51	063	0x33	3	3	
52	064	0x34	4	4	
53	065	0x35	5	5	
54	066	0x36	6	6	
55	067	0x37	7	7	
56	070	0x38	8	8	

十進位碼	八進位碼	十六進位碼	字元	按鍵	Use in C
57	071	0x39	9	9	
58	072	0x3a	:	:	
59	073	0x3b	;	;	
60	074	0x3c	<	<	
61	075	0x3d	=	=	
62	076	0x3e	>	>	
63	077	0x3f	?	?	
64	0100	0x40	@	@	
65	0101	0x41	A	A	
66	0102	0x42	B	B	
67	0103	0x43	C	C	
68	0104	0x44	D	D	
69	0105	0x45	E	E	
70	0106	0x46	F	F	
71	0107	0x47	G	G	
72	0110	0x48	H	H	
73	0111	0x49	I	I	
74	0112	0x4a	J	J	
75	0113	0x4b	K	K	
76	0114	0x4c	L	L	
77	0115	0x4d	M	M	
78	0116	0x4e	N	N	
79	0117	0x4f	O	O	
80	0120	0x50	P	P	
81	0121	0x51	Q	Q	
82	0122	0x52	R	R	
83	0123	0x53	S	S	
84	0124	0x54	T	T	
85	0125	0x55	U	U	

十進位碼	八進位碼	十六進位碼	字元	按鍵	Use in C
86	0126	0x56	V	V	
87	0127	0x57	W	W	
88	0130	0x58	X	X	
89	0131	0x59	Y	Y	
90	0132	0x5a	Z	Z	
91	0133	0x5b	[	[	
92	0134	0x5c	\	\	
93	0135	0x5d	]	]	
94	0136	0x5e	^	^	
95	0137	0x5f	_	_	
96	0140	0x60	`	`	
97	0141	0x61	a	a	
98	0142	0x62	b	b	
99	0143	0x63	c	c	
100	0144	0x64	d	d	
101	0145	0x65	e	e	
102	0146	0x66	f	f	
103	0147	0x67	g	g	
104	0150	0x68	h	h	
105	0151	0x69	i	i	
106	0152	0x6a	j	j	
107	0153	0x6b	k	k	
108	0154	0x6c	l	l	
109	0155	0x6d	m	m	
110	0156	0x6e	n	n	
111	0157	0x6f	o	o	
112	0160	0x70	p	p	
113	0161	0x71	q	q	
114	0162	0x72	r	r	

十進位碼	八進位碼	十六進位碼	字元	按鍵	Use in C
115	0163	0x73	s	s	
116	0164	0x74	t	t	
117	0165	0x75	u	u	
118	0166	0x76	v	v	
119	0167	0x77	w	w	
120	0170	0x78	x	x	
121	0171	0x79	y	y	
122	0172	0x7a	z	z	
123	0173	0x7b	{	{	
124	0174	0x7c	|	|	
125	0175	0x7d	}	}	
126	0176	0x7e	~	~	
127	0177	0x7f	△	Ctrl ←	
128	0200	0x80	Ç	Alt 128	
129	0201	0x81	ü	Alt 129	
130	0202	0x82	é	Alt 130	
131	0203	0x83	â	Alt 131	
132	0204	0x84	ä	Alt 132	
133	0205	0x85	à	Alt 133	
134	0206	0x86	å	Alt 134	
135	0207	0x87	ç	Alt 135	
136	0210	0x88	ê	Alt 136	
137	0211	0x89	ë	Alt 137	
138	0212	0x8a	è	Alt 138	
139	0213	0x8b	ï	Alt 139	
140	0214	0x8c	î	Alt 140	
141	0215	0x8d	ì	Alt 141	
142	0216	0x8e	Ä	Alt 142	
143	0217	0x8f	Å	Alt 143	

十進位碼	八進位碼	十六進位碼	字元	按鍵	Use in C
144	0220	0x90	É	Alt 144	
145	0221	0x91	æ	Alt 145	
146	0222	0x92	Æ	Alt 146	
147	0223	0x93	ô	Alt 147	
148	0224	0x94	ö	Alt 148	
149	0225	0x95	ò	Alt 149	
150	0226	0x96	û	Alt 150	
151	0227	0x97	ù	Alt 151	
152	0230	0x98	ÿ	Alt 152	
153	0231	0x99	Ö	Alt 153	
154	0232	0x9a	Ü	Alt 154	
155	0233	0x9b	¢	Alt 155	
156	0234	0x9c	£	Alt 156	
157	0235	0x9d	¥	Alt 157	
158	0236	0x9e	Pts	Alt 158	
159	0237	0x9f	ƒ	Alt 159	
160	0240	0xa0	á	Alt 160	
161	0241	0xa1	í	Alt 161	
162	0242	0xa2	ó	Alt 162	
163	0243	0xa3	ú	Alt 163	
164	0244	0xa4	ñ	Alt 164	
165	0245	0xa5	Ñ	Alt 165	
166	0246	0xa6	ª	Alt 166	
167	0247	0xa7	º	Alt 167	
168	0250	0xa8	¿	Alt 168	
169	0251	0xa9	⌐	Alt 169	
170	0252	0xaa	¬	Alt 170	
171	0253	0xab	½	Alt 171	
172	0254	0xac	¼	Alt 172	

十進位碼	八進位碼	十六進位碼	字元	按鍵	Use in C
173	0255	0xad	¡	Alt 173	
174	0256	0xae	«	Alt 174	
175	0257	0xaf	»	Alt 175	
176	0260	0xb0	░	Alt 176	
177	0261	0xb1	▒	Alt 177	
178	0262	0xb2	▓	Alt 178	
179	0263	0xb3	│	Alt 179	
180	0264	0xb4	┤	Alt 180	
181	0265	0xb5	╡	Alt 181	
182	0266	0xb6	╢	Alt 182	
183	0267	0xb7	╖	Alt 183	
184	0270	0xb8	╕	Alt 184	
185	0271	0xb9	╣	Alt 185	
186	0272	0xba	║	Alt 186	
187	0273	0xbb	╗	Alt 187	
188	0274	0xbc	╝	Alt 188	
189	0275	0xbd	╜	Alt 189	
190	0276	0xbe	╛	Alt 190	
191	0277	0xbf	┐	Alt 191	
192	0300	0xc0	└	Alt 192	
193	0301	0xc1	┴	Alt 193	
194	0302	0xc2	┬	Alt 194	
195	0303	0xc3	├	Alt 195	
196	0304	0xc4	─	Alt 196	
197	0305	0xc5	┼	Alt 197	
198	0306	0xc6	╞	Alt 198	
199	0307	0xc7	╟	Alt 199	
200	0310	0xc8	╚	Alt 200	
201	0311	0xc9	╔	Alt 201	

十進位碼	八進位碼	十六進位碼	字元	按鍵	Use in C
202	0312	0xca	⊥	Alt 202	
203	0313	0xcb	╥	Alt 203	
204	0314	0xcc	╟	Alt 204	
205	0315	0xcd	=	Alt 205	
206	0316	0xce	╫	Alt 206	
207	0317	0xcf	⊥	Alt 207	
208	0320	0xd0	⊥	Alt 208	
209	0321	0xd1	╤	Alt 209	
210	0322	0xd2	╥	Alt 210	
211	0323	0xd3	╙	Alt 211	
212	0324	0xd4	╘	Alt 212	
213	0325	0xd5	╒	Alt 213	
214	0326	0xd6	╓	Alt 214	
215	0327	0xd7	╫	Alt 215	
216	0330	0xd8	╪	Alt 216	
217	0331	0xd9	┘	Alt 217	
218	0332	0xda	┌	Alt 218	
219	0333	0xdb	█	Alt 219	
220	0334	0xdc	▄	Alt 220	
221	0335	0xdd	▌	Alt 221	
222	0336	0xde	▐	Alt 222	
223	0337	0xdf	▀	Alt 223	
224	0340	0xe0	α	Alt 224	
225	0341	0xe1	β	Alt 225	
226	0342	0xe2	Γ	Alt 226	
227	0343	0xe3	π	Alt 227	
228	0344	0xe4	Σ	Alt 228	
229	0345	0xe5	σ	Alt 229	
230	0346	0xe6	μ	Alt 230	

十進位碼	八進位碼	十六進位碼	字元	按鍵	Use in C
231	0347	0xe7	τ	Alt 231	
232	0350	0xe8	Φ	Alt 232	
233	0351	0xe9	θ	Alt 233	
234	0352	0xea	Ω	Alt 234	
235	0353	0xeb	δ	Alt 235	
236	0354	0xec	∞	Alt 236	
237	0355	0xed	φ	Alt 237	
238	0356	0xee	∈	Alt 238	
239	0357	0xef	∩	Alt 239	
240	0360	0xf0	≡	Alt 240	
241	0361	0xf1	±	Alt 241	
242	0362	0xf2	≥	Alt 242	
243	0363	0xf3	≤	Alt 243	
244	0364	0xf4	⌠	Alt 244	
245	0365	0xf5	⌡	Alt 245	
246	0366	0xf6	÷	Alt 246	
247	0367	0xf7	≈	Alt 247	
248	0370	0xf8	□	Alt 248	
249	0371	0xf9	·	Alt 249	
250	0372	0xfa	·	Alt 250	
251	0373	0xfb	√	Alt 251	
252	0374	0xfc	^{n}	Alt 252	
253	0375	0xfd	^{2}	Alt 253	
254	0376	0xfe	■	Alt 254	
255	0377	0xff		Alt 255	

國家圖書館出版品預行編目資料

最新 C 程式語言教學範本/蔡明志編著. -- 九版. --
　　新北市：全華圖書股份有限公司, 2022.01
　　　面；　公分
　　ISBN 978-626-328-033-5(平裝附光碟片)
　　1.C(電腦程式語言)
312.32C　　　　　　　　　　　　　110021285

最新 C 程式語言教學範本(第九版)
(附範例光碟)

作者／蔡明志

發行人／陳本源

執行編輯／陳奕君

封面設計／戴巧耘

出版者／全華圖書股份有限公司

郵政帳號／0100836-1 號

印刷者／宏懋打字印刷股份有限公司

圖書編號／05684087

九版一刷／2022 年 1 月

定價／新台幣 490 元

ISBN／978-626-328-033-5 (平裝附光碟片)

ISBN／978-626-328-035-9 (PDF)

全華圖書／www.chwa.com.tw

全華網路書店 Open Tech／www.opentech.com.tw

若您對本書有任何問題，歡迎來信指導 book@chwa.com.tw

臺北總公司(北區營業處)
地址：23671 新北市土城區忠義路 21 號
電話：(02) 2262-5666
傳真：(02) 6637-3695、6637-3696

南區營業處
地址：80769 高雄市三民區應安街 12 號
電話：(07) 381-1377
傳真：(07) 862-5562

中區營業處
地址：40256 臺中市南區樹義一巷 26 號
電話：(04) 2261-8485
傳真：(04) 3600-9806(高中職)
　　　(04) 3601-8600(大專)

歡迎加入 全華會員

● 會員獨享
會員享購書折扣、紅利積點、生日體金、不定期優惠活動…等。

● 如何加入會員
掃 QRcode 或填妥讀者回函卡直接傳真 (02) 2262-0900 或寄回，將由專人協助登入會員資料，待收到 E-MAIL 通知後即可成為會員。

全華書誌

如何購買

1. 網路購書
全華網路書店「http://www.opentech.com.tw」，加入會員購書更便利、並享有紅利積點回饋等各式優惠。

2. 實體門市
歡迎至全華門市（新北市土城區忠義路 21 號）或各大書局選購。

3. 來電訂購
(1) 訂購專線：(02) 2262-5666 轉 321-324
(2) 傳真專線：(02) 6637-3696
(3) 郵局劃撥（帳號：0100836-1　戶名：全華圖書股份有限公司）
※ 購書未滿 990 元者，酌收運費 80 元。

OpenTech.com.tw 全華網路書店

全華網路書店 www.opentech.com.tw
E-mail: service@chwa.com.tw

※ 本會制如有變更則以最新修訂制度為準，造成不便請見諒。

親愛的讀者：

感謝您對全華圖書的支持與愛護，雖然我們很慎重的處理每一本書，但恐仍有疏漏之處，若您發現本書有任何錯誤，請填寫於勘誤表內寄回，我們將於再版時修正，您的批評與指教是我們進步的原動力，謝謝！

全華圖書　敬上

勘　誤　表

書　號			書　名	作　者
頁　數	行　數		錯誤或不當之詞句	建議修改之詞句

我有話要說：（其它之批評與建議，如封面、編排、內容、印刷品質等・・・）